"十四五"职业教育国家规划教材

食品类专业教材系列

食品微生物检验技术

主　编　郑　琳　郑培君
副主编　曹　川　李皖光　刘健南　翟美荣
主　审　苏新国

科学出版社

北　京

内 容 简 介

本书共包括 7 个项目，系统地介绍了食品微生物检验室建设与管理、食品微生物检验基础操作技术、食品微生物检验总则、食品中常见微生物检验、食品中常见病原微生物检验、食品生产用水和环境的微生物检验、食品微生物的快速检测。

本书可作为职业教育食品类专业教材，也可供食品生产企业、食品检验机构等相关微生物检验技术人员作参考。

图书在版编目（CIP）数据

食品微生物检验技术/郑琳，郑培君主编. —北京：科学出版社，2021.7
（"十四五"职业教育国家规划教材·食品类专业教材系列）
ISBN 978-7-03-069262-7

Ⅰ. ①食⋯ Ⅱ. ①郑⋯ ②郑⋯ Ⅲ. ①食品微生物–食品检验–职业教育–教材 Ⅳ. ①TS207.4

中国版本图书馆 CIP 数据核字（2021）第 122562 号

责任编辑：沈力匀 / 责任校对：赵丽杰
责任印制：吕春珉 / 封面设计：耕者设计工作室

科 学 出 版 社 出版
北京东黄城根北街 16 号
邮政编码：100717
http://www.sciencep.com

三河市中晟雅豪印务有限公司 印刷
科学出版社发行 各地新华书店经销
*

2021 年 7 月第 一 版　开本：787×1092　1/16
2024 年 8 月第三次印刷　印张：13 1/2
　　　　　　　　　　　　字数：320 000
定价：45.00 元
（如有印装质量问题，我社负责调换）
销售部电话 010-62136230　编辑部电话 010-62130750

版权所有，侵权必究

编写委员会

主　编　郑　琳　佛山职业技术学院
　　　　　郑培君　佛山职业技术学院
副主编　曹　川　安徽职业技术学院
　　　　　李皖光　安徽省粮油产品质量监督检测站
　　　　　刘健南　佛山职业技术学院
　　　　　翟美荣　佛山职业技术学院
主　审　苏新国　广东农工商职业技术学院
参　编　王小博　佛山职业技术学院
　　　　　朱　萍　广东机电职业技术学院
　　　　　岑翠芹　青岛啤酒有限公司
　　　　　俞鸣铗　佛山职业技术学院
　　　　　高　翔　华彬消费品饮料（贵州）有限公司
　　　　　陶文靖　北京美正生物科技有限公司

前　言

近年来，全球范围内重大食品安全事件不断发生，其中，病原微生物引起的食源性疾病是影响食品安全的主要因素之一。如沙门氏菌、大肠埃希菌 O157:H7、副溶血性弧菌、单增李斯特菌、志贺氏菌等，被公认是主要的食源性病原微生物。因此，如何防止食品腐败和避免食源性疾病的传播一直是食品加工过程中需要解决的基本问题。食品微生物检测在现代食品加工、包装、运输、储藏、销售等环节的产品质量控制中起着至关重要的作用。

本书主要内容包括：食品微生物检验室建设与管理、食品微生物检验基础操作技术、食品微生物检验总则、食品中常见微生物检验、食品中常见病原微生物检验、食品生产用水和环境的微生物检验和食品微生物的快速检测七个项目。食品微生物检验技术是职业教育食品检验检测技术、食品质量与安全等专业的核心课程，可作为职业教育食品智能加工、食品生物技术、食品药品监督管理、食品储运与营销、酿酒技术等专业教材使用，也可供食品生产经营企业技术人员参考。

本书为校企共建教材，理论上突出"必需、够用、实用"的原则，侧重实操技术、检验方法，对操作经验及食品微生物检验室管理等内容做了适当的介绍，并坚持以"立德树人"为根本，将绿色、环保、低碳发展、坚持创新守正、培育创新文化，弘扬科学家精神等以课程思政案例二维码和实操要求等形式融入每个学习任务中，实现了"全员育人、全程育人、全方位育人的""三全育人"目标。全书用二维码配套了拓展知识，便于学生巩固相关理论知识和技能操作要点。本书编写过程中参考了大量文献、大量国家标准，如 GB 4789 微生物系列标准（2016）及企业标准，如校企合作单位青岛啤酒（三水）有限公司、广东红牛维他命饮料有限公司的企业标准，在此一并表示感谢。

全书由佛山职业技术学院郑琳、郑培君担任主编，安徽职业技术学院曹川、安徽省粮油产品质量监督检测站李皖光、佛山职业技术学院刘健南和翟美荣担任副主编，参编人员还有佛山职业技术学院王小博、俞鸣铗，青岛啤酒（三水）有限公司岑翠芹、华彬消费品饮料（贵州）有限公司高翔、广东机电职业技术学院朱萍和北京美正生物科技有限公司陶文靖，广东农工商职业技术学院苏新国教授作为主审审阅了全稿。

由于作者理论水平有限，书中难免有不妥之处，敬请广大读者、专家和同行批评指正。

目　　录

项目一　食品微生物检验室建设与管理 ·· 1
　　任务一　食品微生物检验室的基本设计 ·· 1
　　任务二　微生物检验室管理 ·· 4
　　任务三　食品微生物检验常用的仪器设备 ·· 8
　　任务四　食品微生物检验常用的玻璃器皿 ·· 15
项目二　食品微生物检验基础操作技术 ·· 19
　　任务一　微生物标本观察 ·· 19
　　任务二　细菌的简单染色和革兰氏染色 ·· 27
　　任务三　放线菌的形态观察 ·· 33
　　任务四　酵母菌的形态观察及死活细胞的染色鉴别 ·· 37
　　任务五　微生物细胞大小的测定 ·· 40
　　任务六　微生物的显微计数 ·· 44
　　任务七　霉菌形态的观察 ·· 49
　　任务八　培养基的制备 ·· 53
　　任务九　消毒与灭菌技术 ·· 61
　　任务十　微生物的分离与纯化 ·· 68
　　任务十一　纯种移植与培养 ·· 73
　　任务十二　微生物菌种保藏与复壮 ·· 78
　　任务十三　微生物的生理生化反应 ·· 84
项目三　食品微生物检验总则 ·· 92
　　任务一　食品微生物样品采样方案 ·· 92
　　任务二　食品微生物检验用样品的制备 ·· 99
项目四　食品中常见微生物检验 ·· 108
　　任务一　食品中菌落总数的测定 ·· 108
　　任务二　食品中大肠菌群计数 ·· 118
　　任务三　食品中霉菌和酵母菌计数 ·· 126
　　任务四　食品中乳酸菌检验 ·· 133
　　任务五　罐头食品商业无菌检验 ·· 139
项目五　食品中常见病原微生物检验 ·· 149
　　任务一　金黄色葡萄球菌的检验 ·· 149
　　任务二　沙门氏菌的检验 ·· 157

项目六 食品生产用水和环境的微生物检验 ·· 170
    任务一 啤酒生产用水的总大肠菌群测定 ·· 170
    任务二 食品生产环境中菌落总数的测定 ·· 174

项目七 食品微生物的快速检测 ··· 180
    任务一 食品中菌落总数的测试纸片法快速检测 ···································· 180
    任务二 食品中大肠菌群的测试纸片法快速检测 ···································· 184
    任务三 PCR 法检测乳制品中大肠埃希菌 ··· 188
    任务四 全自动荧光酶联免疫方法检测食品中沙门氏菌 ························ 195
    任务五 ATP 洁净度检测 ··· 199
    任务六 食品中诺如病毒检测 ·· 201

参考文献 ··· 206

项目一 食品微生物检验室建设与管理

> **案例分析**

某新建食品企业需建立微生物检验室,完成产品出厂的检验,请以某类产品为例,设计相应的微生物检验室的布局,并根据所生产产品的检验项目列出所需检验设备、药品和试剂。

食品微生物检验室建设与管理

任务一 食品微生物检验室的基本设计

☞ **知识目标**
(1)掌握食品微生物检验室的总体规划设计。
(2)掌握食品微生物检验室设计与建设的特殊技术要求。

☞ **能力目标**
(1)能参与食品微生物检验室的规划设计。
(2)能准确提出食品微生物检验室建设的特殊要求。

食品微生物检验室是按照一定的检测程序和质量控制措施,确定单位样品(食品及其原料、食品添加剂、食品加工机械、食品包装材料及食品加工环境样品)中某种或某类微生物的数量或存在状况的检验室。

一、设计总则

1. 设计思想

检验室设计宜以安全、绿色、人性化、智能化、可持续性为前提,以满足检验室的主要功能及特殊要求为原则,构建规划合理、布局科学的检验室,从而降低运行风险、提高使用效率、减少能耗损失,以满足检验检测工作的需求。

2. 设计流程

检验室设计流程包括规划设计、系统设计和深化设计,如图 1-1 所示。

(1)规划设计是检验室设计的首要环节,其内容涵盖检验室设计建设的目的和任务、建设性质(如新建、改建、扩建)、法律依据、规模、工艺条件和环境适应性等。

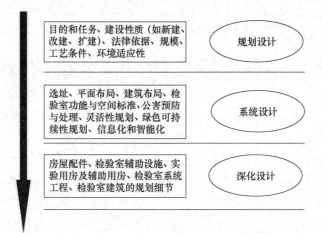

图 1-1 检验室设计流程示意图

检验室规划设计首先需要进行目标需求分析，确定检验室建设的性质，结合国家政策、法律法规及相关资料，编制规划设计任务书，以保证检验室基本功能要求，提升检验室内部环境质量，降低检验室外部环境污染与可能引起的风险。主要内容如下所述。

① 目标需求分析：掌握检验室功能相关需求。
② 建设性质：新建、扩建或改建。
③ 建设的目的依据及规模：根据检验检测任务，确定检验室功能及其发展规模。
④ 建筑物要求及内容：如结构形式、层数、建筑标准及各种工程管网的类型。
⑤ 参考资料：参考同类型检验室建设方案和国内外文献资料，以及当地公用设施和环境状况等资料。
⑥ 抗震、防空措施：按照国家相关规定。
⑦ 公害预防：对废气、废液、固废、噪声、辐射、振动等的预防和处理。
⑧ 建筑面积：新建检验室的总建筑面积；单项工程的建筑面积。

（2）系统设计是检验室设计中的重要环节，包括选址、平面布局、建筑布局、检验室功能与空间标准、公害预防与处理、灵活性规划、绿色可持续性规划、信息化和智能化。

（3）深化设计主要针对检验室设计中的布局，包括房屋配件、检验室辅助设施、检验用房及辅助用房、检验室系统工程、检验室建筑的规划细节。

二、食品微生物检验室的典型布局

食品微生物检验室的典型布局如图 1-2 所示。

1. 洁净检验室

洁净厂房的建筑围护结构和室内装修，应选用气密性良好，且在温度和湿度变化时变形小、污染物浓度符合现行国家有关标准规定限值的材料。洁净检验室装饰材料及密封材料不得采用有释放性的对室内各种产品品质有影响的材料。

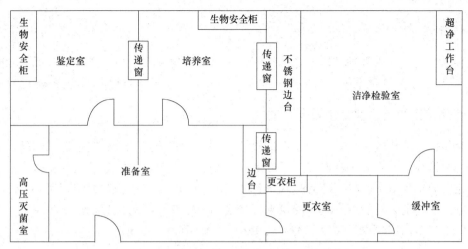

图 1-2 食品微生物检验室的典型布局图

（1）洁净检验室内墙壁和顶棚的装修应符合下列规定。

① 洁净检验室内墙壁和顶棚的表面应平整、光滑、不起尘、避免眩光，便于除尘，并应减少凹凸面。

② 踢脚不应突出墙面。

③ 洁净检验室不宜采用砌筑墙抹灰墙面，必须采用时宜干燥作业，抹灰应采用符合《建筑装饰装修工程质量验收规范》（GB 50210—2018）中高级抹灰的要求。墙面抹灰后应刷涂料面层，并应选用难燃、不开裂、耐腐蚀、耐清洗、表面光滑、不易吸水变质发霉的涂料。

（2）洁净检验室地面设计应符合下列规定。

① 洁净检验室地面应符合生产工艺要求。

② 洁净检验室地面应平整、耐磨、易清洗、不开裂，且不易积聚静电。

③ 地面垫层宜配筋，潮湿地区垫层应有防潮措施。

（3）洁净厂房技术夹层的墙壁和顶棚表面宜平整、光滑，位于地下的技术夹层应采取防水或防潮、防霉措施。

（4）洁净检验室和人员净化用室设置传递窗（外窗）时，应采用双层玻璃固定窗，并应有良好的气密性。

（5）洁净检验室内的密闭门应朝空气洁净度较高的房间开启，并应加设闭门器，无窗洁净检验室的密闭门上宜设观察窗。

（6）室内装修材料的燃烧性能必须符合《建筑内部装修设计防火规范》（GB 50222—2017）的有关规定。装修材料的烟密度等级不应大于 50，材料的烟密度等级实验应符合《建筑材料燃烧或分解的烟密度试验方法》（GB/T 8627—2007）的有关规定。

2. 培养室

培养室是进行微生物培养的区域，主要配备各种培养箱、厌氧培养系统、摇床、冰箱、移液器、移动式紫外线灯等，若涉及致病菌检测活动时，该区域还应配备生物安全柜。

3. 鉴定室

鉴定室是进行微生物种属鉴定的区域,主要配备生物安全柜、显微镜(或显微图像分析系统)、细菌鉴定系统、离心机、冰箱、移液器、恒温水浴锅、移动式紫外线灯等。

三、食品微生物检验室生物安全要求

食品微生物检验室生物安全方面的设计与建设,应符合《食品安全国家标准 食品微生物学检验 总则》(GB 4789.1—2016)中3.1.6的规定,同时应符合《实验室 生物安全通用要求》(GB 19489—2008)中6.2和《生物安全实验室建筑技术规范》(GB 50346—2011)的规定。对于生物安全防护水平要求为三级或四级的检验室,还应符合《实验室 生物安全通用要求》(GB 19489—2008)中6.3和6.4的规定。

 思考与测试

(1)简述食品微生物检验室布局要求。
(2)简述微生物检验室生物安全防护水平及适用范围。

 课程思政案例

微生物检验室的安全要求

任务二 微生物检验室管理

> ☞ **知识目标**
> (1)了解微生物检验室安全管理制度的制定要求。
> (2)掌握微生物检验室材料管理的要求。
>
> ☞ **能力目标**
> (1)能正确执行微生物检验室安全管理的制度。
> (2)能参考国家标准制定微生物检验室管理制度。
> (3)能列出微生物检验室材料管理目录及年限要求。

一、微生物检验室的人员管理制度

(1)微生物检验室负责人应指定若干适当的人员承担微生物检验室安全相关的管理职责。微生物检验室安全管理人员应具备下列条件。

① 具备专业教育背景。
② 熟悉国家相关政策、法规、标准。
③ 熟悉所负责的工作,有相关的工作经历或受过专业培训。
④ 熟悉微生物检验室安全管理工作。
⑤ 定期参加相关的培训或继续教育。
(2) 微生物检验室或其所在机构应有明确的人事政策和安排,并可供所有员工查阅。
(3) 应对所有岗位提供职责说明,包括人员的责任和任务,提出受教育程度、培训经历和是否获得专业资格等要求,应提供给相应岗位的每位员工。
(4) 如果微生物检验室聘用临时工作人员,应确保其有能力胜任所承担的工作,了解并遵守微生物检验室管理体系的要求。
(5) 在有特殊规定的领域,微生物检验室人员在从事相关的微生物检验室活动时,应有相应的职业资格。
(6) 应定期评价员工业务能力。
(7) 人员培训计划应包括但不限于下列条件。
① 上岗培训,包括对较长期离岗或下岗人员的再上岗培训。
② 微生物检验室管理体系培训。
③ 安全知识及技能培训。
④ 微生物检验室设施设备(包括个体防护装备)的安全使用。
⑤ 应急措施与现场救治。
⑥ 定期培训与继续教育。
⑦ 人员能力的考核与评估。
(8) 微生物检验室或其所在机构应妥善保存每个员工的人事资料,并保护其隐私权。人事档案应包括但不限于下列条款。
① 员工的岗位职责说明。
② 岗位风险说明及员工的知情同意证明。
③ 教育背景和专业资格证明。
④ 培训记录,应有员工与培训者的签字及日期。
⑤ 员工的免疫、健康检查、职业禁忌证等资料。
⑥ 内部和外部的继续教育记录及成绩。
⑦ 与工作安全相关的意外事件、事故报告。
⑧ 有关确认员工能力的证据,应有能力评价的日期和承认该员工能力的日期或期限。
⑨ 员工表现评价。

二、微生物检验室的材料管理

(1) 微生物检验室应有选择、购买、采集、接收、查验、使用、处置和存储微生物检验室材料(包括外部服务)的相应政策和程序,以保证材料管理安全。
(2) 应确保所有与安全相关的微生物检验室材料只有在经检查或证实其符合有关规定的要求之后投入使用,应保存相关活动的记录。

(3) 应评价重要消耗品、供应品和服务的供应商,保存评价记录和允许使用的供应商名单。

(4) 应对所有危险材料建立清单,包括来源、接收、使用、处置、存放、转移、使用权限、时间和数量等内容,相关记录安全保存,保存期限不少于20年。

(5) 应有可靠的物理措施和管理程序确保检验室危险材料的安全和安保。

(6) 应按国家相关规定的要求使用和管理检验室危险材料。

三、微生物检验室的活动管理

(1) 微生物检验室应有计划、申请、批准、实施、监督和评估微生物检验室活动的政策和程序。

(2) 微生物检验室负责人应指定每项微生物检验室活动的项目负责人。

(3) 在开展活动前,应了解微生物检验室活动可能涉及的任何危险,掌握良好工作行为;为微生物检验人员提供如何在风险最小情况下进行工作的详细指导,包括正确选择和使用个体防护装备。

(4) 微生物检验室活动操作规程应利用良好微生物标准操作要求和(或)特殊操作要求。

(5) 微生物检验室应有针对未知风险材料操作的政策和程序。

四、微生物检验室的内务管理

(1) 微生物检验室应有对内务管理的政策和程序,包括内务工作所用清洁剂和消毒灭菌剂的选择、配制、有效期、使用方法、有效成分检测及消毒灭菌效果监测等政策和程序,应评估和避免消毒灭菌剂本身的风险。

(2) 不应在工作区放置过多的微生物检验室耗材。

(3) 应时刻保持工作区整洁有序。

(4) 应指定专人使用经核准的方法和个体防护装备进行内务工作。

(5) 不应混用不同风险区的内务设施和装备。

(6) 应在安全处置后再在被污染的区域和可能被污染的区域进行内务工作。

(7) 应制订日常清洁(包括消毒灭菌)计划和清场消毒灭菌计划,包括对微生物检验室设备和工作台表面的消毒灭菌和清洁。

(8) 应指定专人监督内务工作,应定期评价内务工作的质量。

(9) 微生物检验室的内务规程和所用材料发生改变时应通知微生物检验室负责人。

(10) 微生物检验室规程、工作习惯或材料的改变可能对内务人员有潜在危险时,应通知微生物检验室负责人并书面告知内务管理负责人。

(11) 发生危险材料溢洒时,应启用应急处理程序。

五、微生物检验室的设施设备管理

(1) 微生物检验室应有对设施设备(包括个体防护装备)管理的政策和程序,包括设施设备的完好性监控指标、巡检计划、使用前核查、安全操作、使用限制、授权操作、消毒灭菌、禁止事项、定期校准或检定、定期维护、安全处置、运输、存放等。

（2）应制定在发生事故或溢洒（包括生物、化学或放射性危险材料）时，对设施设备去污、清洁和消毒灭菌的专用应急方案。

（3）设施设备维护、修理、报废或被移出微生物检验室前应先去污、清洁和消毒灭菌；但应意识到，可能仍然需要维护人员穿戴适当的个体防护装备。

（4）应明确标识设施设备中存在危险的部位。

（5）设施设备在投入使用前，应核查并确认其性能可满足微生物检验室的安全要求和相关标准。

（6）每次使用前或使用中应根据监控指标确认设施设备的性能处于正常的工作状态，并记录。

（7）如果使用个体呼吸保护装置，应做个体适配性测试，每次使用前核查并确认符合佩戴要求。

（8）设施设备应由经过授权的人员操作和维护，现行有效的使用和维护说明书应便于有关人员使用。

（9）应依据制造商的建议使用和维护微生物检验室的设施设备。

（10）应在设施设备的显著部位标识其唯一编号、校准或验证日期、下次校准或验证日期、准用或停用状态。

（11）应停止使用安全处置性能已显示出缺陷或超出规定限度的设施设备。

（12）无论什么原因，如果设备脱离了检验室的直接控制，待该设备返回后，应在使用前对其性能进行确认并记录。

（13）应维持设施设备的档案，内容应至少包括但不限于下列要求。

① 制造商名称、型号标志、系列号或其他唯一性标志。
② 验收标准及验收记录。
③ 接收日期和启用日期。
④ 接收时的状态（新品、使用过、修复过）。
⑤ 当前位置。
⑥ 制造商的使用说明或其存放处。
⑦ 维护记录和年度维护计划。
⑧ 校准（验证）记录和校准（验证）计划。
⑨ 任何损坏、故障、改装或修理记录。
⑩ 服务合同。
⑪ 预计更换日期或使用寿命。
⑫ 安全检查记录。

思考与测试

（1）写出微生物检验室人员需参与的培训内容。

（2）以某一种微生物检验室设施设备为例写出该设备档案内容。

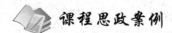

课程思政案例

微生物检验室的环境要求

任务三　食品微生物检验常用的仪器设备

> ☞ 知识目标
> 　（1）掌握食品微生物检验过程中各种仪器设备的工作原理。
> 　（2）掌握食品微生物检验过程中各种仪器设备的使用方法与常规保养。
> ☞ 能力目标
> 　（1）能规范操作各种食品微生物检验常用仪器设备。
> 　（2）能完成各种食品微生物检验常用仪器设备的保养。

食品微生物检验室常用的主要仪器设备有电子天平、pH 计、干燥箱、高压灭菌器、过滤除菌器、无菌均质器、离心机、恒温水浴锅、超净工作台、恒温培养箱、冰箱、低温冰箱、显微镜等。

一、电子天平

电子天平（简称"天平"）是微生物检验用培养基、试剂、稀释液等配制称量的装置，使用时应注意的事项如下所述。微生物检验室常用天平的感量一般要求为 0.1g。

（1）每次使用天平称量之前，都必须检查天平的零点，如果零点位置不正确，应检查原因，进行必要的调整后方可使用。

（2）天平必须保持清洁，如有任何物质落入天平盘或天平底座上，应立即用软毛刷清扫干净。

（3）绝对不能使天平称量的重量超过天平允许最大量程范围。

（4）易吸湿、易挥发、有腐蚀性的液态物品，应放在密闭容器内称量。

（5）不可将热物体放在天平盘上，称量物必须预先冷却至室温。

（6）校正天平时，不可用手接触砝码和天平盘，必须用镊子夹取砝码，称量完毕放回砝码盒原先的位置。

（7）将天平置于稳定的工作台上，避免振动、气流及阳光照射。

（8）天平应按说明书的要求进行预热，天平若长期不用时应暂时收好。

二、pH 计

pH 计是控制微生物检验培养基配制过程中酸碱度的主要装置，pH 计要求工作的环境温度 0.001 级为 15～30℃，其他仪器为 5～35℃，0.001 级仪器相对湿度不大于 75%，其他规格的 pH 计不大于 80%。使用时还应注意如下事项。

（1）测定前校正，pH 计连续使用时，每天要标定一次，一般在 24h 内仪器不需再标定。

（2）使用前要拉下电极上端的橡皮套，使其露出上端的小孔。

（3）标定的缓冲溶液一般第一次用 pH 值为 6.86 的缓冲液，第二次用接近被测溶液 pH 值的缓冲液，如待测液为酸性时，缓冲液应选 pH 值为 4.00；如待测溶液为碱性时，则选 pH 值为 9.18 的缓冲液。

（4）测量时，电极的引入导线应保质静止，否则会引起测量不稳定。

（5）电极切忌浸泡在蒸馏水中。

（6）保持电极泡的湿润，如果发现干枯，在使用前应在 3mol/L 氯化钾溶液或微酸性的溶液中浸泡几小时，以降低电极的不对称电位。

（7）pH 玻璃电极短期储存在 pH 值为 4 的缓冲溶液中；长期储存在 pH 值为 7 的缓冲溶液中。

三、干燥箱

干燥箱也称干热灭菌器，主要用途是消毒玻璃器皿。干燥箱使用的环境温度要求为 5～35℃，环境温度低于 31℃时，最大相对湿度为 80%；环境温度为 35℃时，最大相对湿度降到 67%。工作温度最高为 300℃的电热干燥箱的温度波动限值为±1.5℃，工作温度不大于 300℃的电热鼓风干燥箱，温度波动限制一般为±1℃。干燥箱的使用方法及注意事项如下。

（1）使用前检查电源，有良好的地线。

（2）干燥箱若无防爆设备，切勿将易燃物品及挥发性物品放箱内加热。箱附近不可放置易燃物品，勿将干燥箱当成储物室使用，避免箱内腐蚀，避免置物架长期负重。

（3）箱内应保持清洁，放物网不得有锈，否则影响玻璃器皿的清洁度。

（4）使用时应定时监看，以免温度升降影响使用效果或发生事故。

（5）切勿拧动箱内感温器，放物品时也避免碰撞感温器，否则温度不稳定。检修时应切断电源。

（6）要干燥的玻璃器皿必须清洁，并包装好放入干燥箱内，将门关紧，然后，按上电源，打开开关加热，使温度慢慢上升，当温度升至 60～80℃，开动鼓风机，使干燥箱内的温度均匀一致，到所要的温度（通常 160～180℃）后维持一定的时间，通常为 1.5～2h，然后截断热源，待干燥箱内温度降到室温时方可将门打开（干燥箱内温度高于 67℃时，不能将门打开取放器皿），取出干燥物品。干燥后玻璃器皿上的棉塞和包扎纸张应略呈淡黄色，而不应烤焦。

（7）电源线不可缠绕在金属物上，设备周围应注意避免潮湿或有腐蚀性物品，防止外壳和橡胶老化。

四、高压灭菌器

高压灭菌器是根据沸点与压力成正比的原理而设计的，其灭菌效果较流通蒸汽灭菌器好，通常在 0.1MPa 压力下（121℃）灭菌 15～30min 可将一般细菌和芽孢完全杀死，企业操作人员要有压力容器操作员证书方可操作。

高压灭菌器的用法及其注意事项如下所述。

（1）在器内加入适量的水，约近金属隔板处。

（2）将灭菌物品包扎好，小心放于隔板上。堆放灭菌物品时，严禁堵塞安全阀和放气阀的出汽孔，必须留出空位保证其空气畅通。

（3）将盖盖好，扭紧螺旋，关闭气门。

液体灭菌时，应将液体灌装在耐热玻璃瓶中，液体以不超过玻璃瓶 3/4 体积为好，瓶口选用棉花纱塞，切勿使用未打孔的橡胶或软木塞。

（4）在灭菌器下加热，勿使温度上升过骤，以免玻璃器皿破裂。

（5）压力器指针上升至 0.05MPa 时徐徐打开气门，排出器内所存留的空气，直至排出的蒸汽内不夹杂空气为止，然后关紧气门。

（6）压力上升至 0.105MPa（或其他规定的压力）时开始计时，并将热源调节至恰能维持所需要的压力，经过规定时间后撤去热源。

（7）在灭菌液体结束时，待器中压力自行降至 0，方可将气门慢慢打开、放气。排气完毕后，开盖取出灭菌物品，气未排完前切不可开盖。

（8）平时应将灭菌器保持清洁和干燥，将器内的水放出，并做必要的清洁，灭菌锅要定期换水。

五、过滤除菌器

过滤除菌器是微生物检验室中不可缺少的一种仪器，可以用来去除糖溶液、血清、等不耐热液体中的细菌，也可用来分离病毒及测定病毒颗粒的大小等。

常用的过滤除菌器有伯克菲除菌过滤器、姜伯朗除菌过滤器、蔡氏除菌过滤器、玻璃除菌过滤器等。

（1）伯克菲（Berkefeld）除菌过滤器用砂藻土制成，有金属接头，带负电荷，有如下三种：V 级是粗孔径（8～12μm），用于粗滤，可排除一些细菌及悬液中的大颗粒；N 级是一种中号孔径（5～7μm），能阻止大多数细菌，几乎可以过滤所有的病毒；W 级是孔径最细的（3～4μm），可阻留所有的细菌，也可以阻留直径为 70～150nm 的病毒。其中，N 级伯克菲除菌过滤器最常用。

（2）姜伯朗（Chambertand）除菌过滤器是由无釉瓷组成，其优点是整体无金属接头，所以不易有漏洞。按孔径分九级：t1、L1Bir、L2、L3、L5、L7、L9、L11 和 L13，L1 孔径最大，L13 最小。L1 级相当于伯克菲除菌过滤器的 V 级，L3＝N 级，L13＝W 级。

（3）蔡氏（Seitz）除菌过滤器是用金属器将石棉板夹在中间，作为滤过器使用。每次换一块石棉板，石棉板按孔径有两种：K 型（粗）可作澄清用，EK 型（细）能阻止细菌通过，如要减低其滤过性，一次可用两层石棉板。石棉板带正电荷。

（4）玻璃除菌过滤器全部由玻璃制成，使用较方便，但其缺点是滤孔易于堵塞。孔径为 0.5～250μm，分为 G1、G2、G3、G4、G5、G6 六种规格。国产常用型号为 G5、G6，均能阻挡细菌通过，常用它滤过病毒，G5 孔径为 1.5～2.5μm，G6 孔径为 1.5μm。

六、无菌均质器

无菌均质器又叫拍打式均质器,或无菌均质机,可用于肉、鱼、蔬菜、水果、饼干等食品微生物检测前的均质处理。无菌均质器使从固体样品中提取检测样的过程变得非常简单,只需将样品和稀释液加入无菌的样品袋中,然后将样品袋放入拍击式均质器中即可完成样品的处理。使用它可以有效地分离被包含在固体样品内部和表面的微生物获得均一样品,确保无菌袋中混合全部的样品。处理后的样品溶液可以直接进行取样和分析,没有样品变化和交叉污染的风险。

无菌均质器的工作原理是将原始样品与某种液体或溶剂加入均质袋,经仪器的锤击板反复在样品均质袋上锤击,产生压力、引起振荡、加速混合,从而达到溶液中微生物成分处于均匀分布的状态。

无菌均质器使用时有以下注意事项。

（1）使用前先将电源插头固定后,再打开机器开关。插头不能出现松动,因为机器工作时会产生振动导致插头脱落。这种突然断电会对机器造成损伤。

（2）无菌均质器工作时不准随便打开均质器门,防止样液飞溅（有的无菌均质器打开门后会自动停止拍击均质）。因此,一定要先关机器再开门,然后同样关闭门之后再开机。

（3）使用无菌均质器之前,一定要检查无菌均质器内是否有异物,防止损伤机械装置或均质袋。

（4）坚硬样品尽量不要用无菌均质器,防止均质袋破裂。冷冻样品需解冻以后才能使用无菌均质器。当一定要拍打坚硬样品时,最好加套均质袋。

（5）无菌均质器的底部是空的,如遇均质袋意外破裂时,方便清理溢出物。

（6）无菌均质器和均质袋应放置在阴凉干燥处,特别是均质袋应避酸碱、避阳光,防止其过早的变脆老化。

（7）无菌均质器用完之后,应先关机断电,然后将其内外清理干净。

（8）对于一些拍打均质后容易堵塞移液管或移液器枪头的样品,建议使用带过滤网的无菌均质袋。

七、离心机

离心机是根据物体转动时发生离心力这一原理而制成的。在微生物检验室内,离心机可以用于沉淀细菌、分离血清和其他相对密度不同的材料。电动离心机的用法如下。

（1）将盛有材料的离心管置于离心机的金属管套内,必要时可在管底垫一层棉花。

（2）将离心管及其套管按对称位置放入离心机转动盘中,将盖盖好。若仅有一管材料,则可盛清水放入其中以保持平衡。

（3）打开电源,慢慢转动速度调节器的指针至所要求的速度刻度上,维持一定时间。有的离心机在转动盘上装有一根玻璃管,从盖中央的小孔中突出于离心机外,管中盛乙醇,当离心机转动时,因离心作用使乙醇引起一个旋涡,从旋涡的深度即可显示转动速率。

（4）到达一定时间后,将速度调节器的指针慢慢转回至零点,然后关闭电源。

（5）等转动盘自行停止转动后，将离心机盖打开取出离心管。取出离心管时应小心；勿使已经沉淀的物质又因振动而上升。

（6）使用离心机时，如发现离心机振动，且生杂声，则表示内部重量不平衡；若发现有金属音，则往往表示内部试管破裂，均应立即停止使用，进行检查。

八、恒温水浴锅

恒温水浴锅广泛应用于干燥、浓缩、蒸馏，浸渍化学试剂，浸渍药品和生物制剂，也可用于水浴恒温加热和其他温度实验，是生物、遗传、病毒、水产、环保、医药、卫生、教育科研的必备工具，在食品微生物检验中主要用于熔化培养基。使用方法及注意事项如下所述。

（1）使用时必须先加水于锅内，可按需要的温度加入热水，以缩短加热时间。

（2）接通电源，绿灯亮。锅内加温，红灯亮。观察温度计是否已升到所需要之温度。如锅内温度不够，而红灯已灭，应旋转调节器旋钮来进行调节。顺时针方向旋转，红灯亮，即接通锅内电热管使之加温；逆时针方向转动，红灯灭，即断电降温。如锅内温度和所需要的温度相差有限，要微微转动达到恒温。

（3）倘需要锅内水温达 100℃ 做沸水蒸馏用时，可将调节旋钮至终点，但不可加水过多，以免沸腾时水溢出锅外，并应注意锅内水量不能少于最低水位（即不能使锅内电热管露出水面），以免烧坏电热管。还要注意在锅内中的铜管内装有玻璃棒（作调节恒温用），切勿碰撞和剧烈振动，以免碰断内部玻璃棒，使调节失灵。

（4）不要将水溅到电器盒里，以免引起漏电，损坏电器部件。

（5）水箱内要保持清洁，定期刷洗，水要经常更换。如长时间不用，应将水排尽，将水箱擦干，以免生锈。

（6）电水浴锅一定要接好地线，且要经常检查水浴锅是否漏电。

九、超净工作台

超净工作台是一种局部层流装置，它能在局部造成高洁净度的环境，由三个基本部分组成：高效空气过滤器、风机、箱体。其工作原理是通过风机将空气吸入，经由静压箱通过高效过滤器过滤，将过滤后的洁净空气以垂直或水平气流的状态送出，使操作区域持续在洁净空气的控制下达到百级洁净度，保证生产对环境洁净度的要求。超净工作台使用注意事项如下所述。

（1）应安放于卫生条件较好的地方，便于清洁，门窗能够密封以避免外界的空气对室内的产生污染。

（2）安放位置应远离有振动及噪声大的地方，以防止振动影响超净工作台的正常操作。若周围有振动，应及时采取措施。

（3）根据环境的洁净程度，定期拆下粗滤布清洗一次，如有破损应立即更换。

（4）要经常用纱布沾乙醇将紫外线灯表面擦干净，保持表面清洁，否则会影响杀菌能力，紫外线灯连续工作 2 000h 要进行更换。

十、恒温培养箱

恒温培养箱亦称恒温箱，是培养微生物的重要设备。使用时应注意的事项如下所述。

（1）用前要检查其所需要的电压与所供应的电压是否一致，如不符合，则应使用变压器。

（2）如内外夹壁之间须盛水，用前则需注入与所需要的培养温度相接近的温水，每隔一定时间应换水一次，以保持水的清洁和恒定的量；不用时应将水放出。

（3）初用时应检查温度调节器是否准确，箱内各部分的温度是否均匀一致。

（4）除了取、放培养材料外，箱门应始终严密关闭。

（5）经常观察箱上的温度计所指示的温度是否与所需要标准相符。

（6）箱内外应保持清洁干燥。

十一、冰箱

冰箱是根据液体挥发成气体时需要吸热，而将其周围的温度降低这一原理设计而成的。可用的冷却液有氨、二氧化碳和二氯二氟甲烷（Cl_2F_2 或称氟利昂）、R134a（1,1,1,2-四氟乙烷）和 R606a（异丁烷）等。这些物质吸收大量的热，稍加压力又易被液化。

应用电冰箱时应注意的事项如下所述。

（1）购入冰箱时应注意冰箱所需要的电压是否与所供应的相符，如不符，则须用变压器，并注意供电线路上的负荷及保险丝的种类是否符合冰箱的需要。

（2）冰箱应置于通风的室内，并注意与墙壁保持一定距离。

（3）使用时应将温度调节到所需要的温度。通常微生物检验室所用的冰箱，可根据设备实际情况分为冷藏室与冷冻室，冷藏室一般设置温度为 4~10℃，冷冻室一般温度为-18℃。

（4）冰箱开启时应尽量短暂，温度过高的物品不能放入冰箱中，以免过多的热气进入箱中而消耗电量，并增加其机件的工作时间，缩短使用寿命。

（5）冰箱内应保持清洁干燥，如有霉菌生长，应先清理内部，然后用福尔马林气体熏蒸消毒。无论是冰箱内有霉菌生长或冷却室内结冰太多需要清理时，均应先将电路关闭，将冰融化后再行清理。

十二、低温冰箱

低温冰箱的原理和普通冰箱一样。一般的低温冰箱使用时注意事项如下所述。

（1）购入冰箱时应注意低温冰箱所需要的电压是否与所供应的一致，应根据低温冰箱的要求调整电压，并注意供电线路上的负荷及保险丝的种类是否符合低温冰箱的要求。

（2）低温冰箱宜放置在室内，四周至少离墙壁 50cm，并尽量远离发热体，空气流通，不受日光照射，环境温度宜低于 35℃。

（3）新购买的低温冰箱试机时或因停电温度回升过高时，为了避免机器一次工作时间过长，应控制温度调节器，使其逐渐下降。

（4）冷凝结片间易受空气尘埃堵塞，影响冷凝效果，应注意经常清理。

（5）整个制冷系统都是气密的，使用时不可随意紧松连接管子上的接头及压缩机上的螺钉，如怀疑有漏气的情况，可以用浓肥皂水检查，如确有漏气，接头处应拧紧。

（6）在环境温度与低温冰箱内温度差距大时，减少门窗开关次数，一般使用情况下，每年要进行一次维护。

十三、显微镜

显微镜是微生物形态观察和菌种鉴定常用的设备，微生物检验室一般需要配备普通光学显微镜。

（1）持镜时必须是右手握臂、左手托座的姿势，不可单手提取，以免零件脱落或碰撞到其他地方。

（2）轻拿轻放，不可把显微镜放置在实验台的边缘，应放在距边缘 10cm 处，以免碰翻落地。

（3）保持显微镜的清洁，光学和照明部分只能用擦镜纸擦拭，切忌口吹、手抹或用布擦，机械部分可用布擦拭。

（4）水滴、乙醇或其他药品切勿接触镜头和镜台，如果玷污应立即用擦镜纸擦净。

（5）放置玻片标本时要对准通光孔中央，且不能反放玻片，防止压坏玻片或碰坏物镜。

（6）要养成两眼同时睁开观察的习惯，以左眼观察视野，右眼用以绘图。

（7）不要随意取下目镜，以防止尘土落入物镜，也不要任意拆卸各种零件，以防损坏。

（8）显微镜使用完毕后，必须复原才能放回镜箱内，其步骤是：取下标本片，转动旋转器使镜头离开通光孔，下降镜台，平放反光镜，下降集光器（但不要接触反光镜）、关闭光圈，推片器回位，盖上绸布和外罩，放回实验台柜内，最后填写使用登记表。

 思考与测试

（1）简述超净工作台的工作原理。
（2）简述高压灭菌器的结构组成。
（3）简述显微镜操作的注意事项。

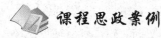

微生物常用仪器设备的使用规范及安全事故

任务四 食品微生物检验常用的玻璃器皿

☞ 知识目标
（1）了解食品微生物检验常用玻璃器皿的规格。
（2）掌握食品微生物检验常用玻璃器皿的清洗、包装与灭菌要求。
☞ 能力目标
（1）能正确选用玻璃器皿完成食品微生物检验工作。
（2）能用合适的方法对常用玻璃器皿进行清洗、灭菌和包装。

食品微生物检验室内应用的玻璃器皿种类甚多，如吸管、试管、烧瓶、培养皿、培养瓶、毛细吸管、载玻片、盖玻片等。在采购时应注意各种玻璃器皿的规格和质量，一般要求能耐受多次高热灭菌，且以中性为宜。玻璃器皿用前要经过刷洗处理，使之干燥清洁，有的需要无菌处理。对于每个从事微生物检验工作的人员应熟悉和掌握各种玻璃器皿用前用后的处理。现将玻璃器皿的种类及其准备列述如下。

一、常用玻璃器皿的种类及要求

1. 试管

用于细菌及血清学实验的试管应较坚厚，以便加塞不致破裂。常用的规格有以下几种。

（1）（2～3）mm×65mm，用于环状沉淀实验。
（2）（11～13）mm×100mm，用于血清学反应及生化实验等。
（3）15mm×150mm，用于分装5～10mL的培养基及菌种传代等。
（4）25mm×200mm，用于特殊实验或装灭菌滴管等。

2. 锥形瓶

锥形瓶底大口小，放置平稳，便于加塞，多用于盛培养基、配制溶液等。常用的规格有50mL、100mL、150mL、250mL、500mL、1 000mL、2 000mL、3 000mL、5 000mL等。

3. 培养皿

培养皿为硬质玻璃双碟，常用于分离培养。盖与底的大小应合适。盖的高度较底稍低，底部平面应特别平整。常用的规格（以皿盖直径计）有90mm、75mm、60mm等。

4. 吸管

吸管用于吸取少量液体。常用的吸管有两种：一种为无刻度的毛细吸管；另一种为有刻度吸管，管壁有精细的刻度，一般长为25cm。常用的容量为0.2mL、0.5mL、1.0mL、

2.0mL、5.0mL、10mL。

5. 量筒、量杯

量筒、量杯用于液体的测量。常用规格为 10mL、20mL、25mL、50mL、100mL、200mL、500mL、1 000mL、2 000mL。

6. 烧杯

烧杯常用的规格为 50～3 000mL，供盛放液体或煮沸用。

7. 载玻片及盖玻片

载玻片供作涂片用，常用的规格为 75mm×25mm，厚度为 1～2mm。另有凹玻片可供做悬滴标本及做血清学实验用。盖玻片为极薄的玻片，用于标本封闭及悬滴标本等。有圆形的，直径为 18mm；方形的，规格为 18mm×18mm 或 22mm×22mm；长方形的，规格为 22mm×36mm 等数种。

8. 离心管

离心管常用规格有 10mL、15mL、100mL、250mL 等，供分离沉淀用。

9. 试剂瓶

试剂瓶为磨砂口，有盖，分广口和小口两种，规格为 30～1 000mL，视需要量选择使用。分棕色、无色两种，为储藏药品和试剂用，凡避光等药品试剂均宜用棕色瓶。

10. 玻璃缸

玻璃缸缸内常置石炭酸或来苏水等清毒剂，以备放置用过的玻片、吸管等。

11. 染色缸

染色缸有方形和圆形两种，可放 6～10 片载玻片，供细菌、血液及组织切片标本染色用。

12. 滴瓶

滴瓶有橡皮帽式和玻塞式，分白色和棕色，规格有 30mL 和 60mL 等，供储存试剂及染液用。

13. 漏斗

漏斗分短颈和长颈两种。漏斗直径大小不等，视需要而定，分装溶液或上垫滤纸或纱布、棉花作过滤杂质用。

14. 注射器

注射器规格有 0.25mL、0.5mL、1mL、2mL、5mL、10mL、20mL、50mL 和 100mL 等，供接种实验动物和采血用。

15. 下口瓶

下口瓶包括有龙头和无龙头两种，规格为 2 500~20 000mL，存放蒸馏水或常用消毒药液，也可做细菌涂片染色时冲洗染液用。

除上述外，还有发酵管、玻璃棒、酒精灯、玻璃珠及蒸馏水瓶等玻璃器材。

二、一般玻璃器皿的准备

1. 新购玻璃器皿的处理

新购玻璃器皿常附有游离碱质，不可直接使用，应先在 2%盐酸溶液中浸泡数小时，以中和碱性，然后用肥皂水及洗衣粉洗刷玻璃器皿之内外，再以清水反复冲洗数次，以除去遗留的化学物质，最后用蒸馏水冲洗。

2. 用后玻璃器皿的处理

凡被病原微生物污染过的玻璃器皿，在洗涤前必须进行严格的消毒再行处理，其方法如下。

（1）一般玻璃器皿（如平皿、试管、烧杯、烧瓶等）均可置高压灭菌器内 0.105MPa 20~30min 灭菌。随即趁热将内容物倒净，用温水冲洗后，再用 5%肥皂水煮沸 5min，然后按新购入产品的方法同样处理。

（2）吸管使用后，投入 2%来苏水或 5%石炭酸溶液内 48h，使其消毒，但要在盛来苏水的玻璃缸底部垫一层棉花，以防投入吸管时将其损坏。吸管洗涤时，先浸在 2%肥皂水中 1~2h，取出，用清水冲洗以后再用蒸馏水冲洗。

（3）载玻片与盖玻片用过后，可投入 2%来苏水或 5%石炭酸液中，取出煮沸 20min，用清水反复冲洗数次，浸入 95%乙醇中备用。

各种玻璃器皿若用上述方法处理，尚未达到清洁目的，则可将其浸泡于下述清洁液中过夜，取出后用水反复冲洗数次，最后用蒸馏水冲洗。

重铬酸钾 60g、硫酸 60mL、自来水 100mL，此液可连续使用，直至液体变绿后不再使用。此种清洁液内含有硫酸，腐蚀性很强，使用时应注意对衣服和皮肤的灼烧。

凡含油脂如凡士林、石蜡等的玻璃器皿，应单独进行消毒及洗涤，以免污染其他的玻璃器皿。这种玻璃器皿于未洗刷之前须尽量去油，然后用肥皂水煮沸趁热洗刷，再用清水反复冲洗数次，最后用蒸馏水冲洗。

3. 玻璃器皿的干燥

玻璃器皿洗净后，通常倒置于干燥架上，令其自然干燥，必要时亦可放于干燥箱中

50℃左右烘干,以加速其干燥,温度不宜太高,以免玻璃器皿碎裂。干燥后以干净的纱布或毛巾拭去干后的水迹,以备做进一步处理应用。

4. 玻璃器皿的包装

玻璃器皿在消毒之前,须包装妥当,以免灭菌后又为杂菌所污染。

(1)一般玻璃器皿(试管、锥形瓶、烧杯等)的包装,用做好适宜大小的棉塞,将试管或锥形瓶口塞好,外面再用纸张包扎,烧杯可直接用纸张包扎。

(2)吸管的包装用细铁丝或长针头塞少许棉花于吸管口端,可滤过从洗耳球吹出的空气。塞进的棉花大小要适度,太松太紧对其使用都有影响。最后,每个吸管均需用纸分别包卷,有时也可用报纸每5~10支包成一束或装入金属筒内进行干烤灭菌。

(3)培养皿、青霉素瓶、乳钵等包装,用无油质的纸将其单个或数个包成一包,置于金属盒内或仅包裹瓶口部分直接进行灭菌。

5. 玻璃器皿的灭菌

玻璃器皿干燥包装后,均置于干热灭菌器内,调节温度至160℃维持1~2h进行灭菌,灭菌后的玻璃器皿须在1周内用完,过期应重新灭菌,再行使用。必要时,也可将玻璃器皿用油纸包装后,用121℃高压蒸汽灭菌20~30min。

思考与测试

(1)简述食品微生物检验室常用仪器设备清单(含规格、型号、3个生产参考厂家)。
(2)简述食品微生物检验室常用玻璃器皿清单(含规格、型号、3个生产参考厂家)。

课程思政案例

微生物检验室的操作要求

项目二 食品微生物检验基础操作技术

> **案例分析**

某啤酒生产企业,需要进行啤酒酵母扩培与菌种保存工作,请撰写啤酒酵母扩培和菌种保藏方案。

任务一 微生物标本观察

☞ **知识目标**
(1)熟悉普通光学显微镜的结构。
(2)了解普通光学显微镜的工作原理。
(3)掌握普通光学显微镜的使用及维护方法。
(4)掌握各种染色标本的观察和绘图技巧。

☞ **能力目标**
(1)能熟练使用普通光学显微镜进行标本的观察,并能绘制微生物标本的形态。
(2)能对普通光学显微镜进行简单的维护。

微生物标本观察

一、普通光学显微镜的结构及性能

显微镜包括普通光学显微镜、相差显微镜、暗视野显微镜、荧光显微镜和电子显微镜等。光学显微镜是利用光学原理,把人眼所不能分辨的微小物体放大成像,以供人们提取微细结构信息的光学仪器。显微镜是一种精密的光学仪器,已有300多年的发展史。自从有了显微镜,人们看到了过去看不到的许多微小生物和构成生物的基本单元——细胞。借助于能放大千余倍的光学显微镜,以及放大几十万倍的电子显微镜,我们对生物体的生命活动规律有了进一步的认识。

微生物个体微小,必须用放大倍数高的、结构精密的显微镜,才能了解其个体的形态特征及特殊的繁殖方式。因此,显微镜是认识微生物的重要工具,只有正确并熟练地掌握显微镜的使用方法,才能研究和观察微生物的形态。

普通光学显微镜由机械系统和光学系统两部分组成。

普通光学显微镜的使用操作

(一)普通光学显微镜的机械系统

普通光学显微镜的机械系统是其重要组成部分,作用是固定与调节光学镜头,固定与移动标本等。其主要包括镜座、镜臂、镜筒、物镜转换器、载物台、推动器、粗调节器（粗调螺旋）和细调节器（微调螺旋）等部件（图2-1）。

1. 镜座

镜座是普通光学显微镜的基本支架，在显微镜的底部，呈马蹄形、长方形、三角形等，可使显微镜平稳地放置在平台上。

2. 镜臂

镜臂是连接镜座和镜筒之间的部分，呈圆弧形，作为移动显微镜时的握持部分。

3. 镜筒

镜筒是连接目镜和接物镜的金属圆筒，上接接目镜，下接转换器，形成接目镜与接物镜间的暗室。从镜筒的上缘到物镜转换器螺旋口之间的距离称为机械筒长。因为物镜的放大率是对一定的镜筒长度而言的。镜筒长度变化，不仅放大率

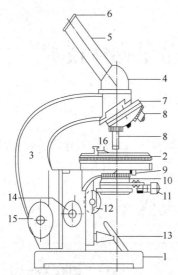

1. 镜座；2. 载物台；3. 镜臂；4. 棱镜套；
5. 镜筒；6. 接目镜；7. 转换器；8. 接物镜；
9. 聚光器；10. 虹彩光圈；11. 光圈固定器；
12. 聚光器升降螺旋；13. 反光镜；14. 细调节器；
15. 粗调节器；16. 标本夹

图2-1 普通光学显微镜的机械系统

随之变化，而且成像质量也受到影响。因此，使用显微镜时，不能任意改变镜筒长度。国际上将显微镜的标准筒长定为160mm，此数字标在物镜的外壳上。

4. 物镜转换器

物镜转换器位于镜筒下端，由两个金属圆盘叠合而成，可安装3～4个不同放大倍数的物镜。为了使用方便，物镜一般按由低倍到高倍的顺序安装。转动转换器，可以按需要选用合适的物镜，与镜筒上面的目镜构成一个放大系统。转换物镜时，必须用手旋转圆盘，切勿用手推动物镜，以免松脱物镜而导致损坏。

5. 载物台和推动器

载物台又称镜台，是放置标本的地方，呈方形或圆形，中央有一孔，为光线通路。在台上装有弹簧标本夹和推动器，旋转推动器的螺旋，可使推动器做横向或纵向的推动。推动器上刻有刻度标尺，构成精密的平面坐标系。如需要重复观察已检查标本的某一物像时，可在第一次检查时记下纵横标尺的数值，下次按数值移动推动器，就可以找到原来标本的位置。

6. 调节器

调节器位于镜筒的两旁，用于调节物镜与标本间的距离，使物像更清晰。调节器分为粗调节器和细调节器，粗调节器在上，细调节器在下。粗调节器用于粗放调节物镜和标本的距离。用粗调节器只能粗放地调节焦距，难于观察到清晰的物像，细调节器用于

进一步调节焦距。粗调螺旋转动一圈可使镜筒升降约 10cm，细调螺旋转动一圈可使镜筒升降约 0.1cm。

7. 聚光器升降螺旋

聚光器升降螺旋装在载物台下方，可使聚光器升降，用于调节反光镜反射出来的光线。

（二）普通光学显微镜的光学系统

普通光学显微镜的光学系统主要包括反光镜、聚光器、物镜、目镜四个部件。广义上也包括照明光源、滤光器、盖玻片和载玻片等。光学系统可使标本物像放大，形成倒立的放大物像。

1. 反光镜

反光镜位于镜座上，是普通光学显微镜的取光设备，其功能是采集光线，并将光线射向聚光器。对于光线较强的天然光源，一般宜用平面镜，对光线较弱的天然光源或人工光源，则宜用凹面镜。电光源显微镜镜座上装有光源，并有电流调节螺旋，可通过调节电流大小来调节光照强度。

2. 聚光器

聚光器在载物台下面，位于反光镜上方，作用是把平行的光线汇聚成光锥照射于标本上，增强照明度并造成适宜的光锥角度，提高物镜的分辨力。聚光器可根据光线的需要，上下调整。一般用低倍镜时降低聚光器，用油镜时升高聚光器。

聚光器上由聚光镜和虹彩光圈组成，聚光镜由透镜组成，虹彩光圈由薄金属片组成，中心形成圆孔，推动把手可随意调整入射光的强弱。若将虹彩光圈开放过大，超过物镜的数值孔径时，便产生光斑；若收缩虹彩光圈过小，虽反差增大，但分辨力下降。因此，在观察时一般将虹彩光圈调节开启到视场周缘的外切处，使不在视场内的物体得不到任何光线的照明，以避免散射光的干扰。

3. 物镜

物镜是决定成像质量和分辨能力的重要部件，安装在转换器的螺口上，作用是将被检物像进行第一次放大，形成一个倒立的实像。物镜上通常标有数值孔径（numerical aperture，NA）、放大倍数、镜筒长度、焦距等主要参数，如 10×/0.25；160/0.17；"10×"是放大倍数，"0.25"是数值孔径，"160/0.17"分别表示镜筒长度和所需盖玻片的厚度（mm）。

物镜一般包括低倍物镜（4×或 10×）、中倍物镜（20×）、高倍物镜（40×~60×）和油镜（100×）。使用时通过镜头侧面刻有放大倍数来辨认，一般放大倍数越高的物镜，工作距离越小，油镜的工作距离只有 0.19mm。

4. 目镜

目镜装在镜筒上端，作用是把物镜放大了的实像再次放大，并把物像映入观察者的眼中。目镜一般由两块透镜组成，上面一块称接目透镜，下面一块称场镜。两块透镜之间或在场镜下方有一光阑,其大小决定着视野的大小,故又称为视野光阑,标本成像于光阑限定的范围之内。进行显微测量时,目镜测微尺安装在视野光阑上。目镜上刻有表示放大倍数的标志,如 5×、10×、15×、20×等。目镜中可安置目镜测微尺,用于测量微生物的大小。

(三) 普通光学显微镜的性能

1. 数值孔径

数值孔径又称开口率(NA),是物镜和聚光镜的主要技术参数,是物镜前透镜与被检物体之间介质的折射率(n)和孔径(α)(图 2-2)半数的正弦之乘积,用公式表示为

$$NA = n \sin \frac{\alpha}{2} \qquad (2-1)$$

物镜的性能与物镜的数值孔径密切相关,数值孔径越大,物镜的性能越好。因为孔径角总是小于 180°,所以 $\sin \frac{\alpha}{2}$ 的最大值不可能超过 1;又因空气的折射率为 1,所以以空气为介质的数值孔径不可能大于 1,一般为 0.05~0.95。根据式(2-1),要提高数值孔径,一个有效途径就是提高物镜与标本之间介质的折射率(图 2-3)。使用香柏油(折射率为 1.515)浸没物镜(即油镜)理论上可将数值孔径提高至 1.5 左右;实际数值孔径值也可达 1.2~1.4。

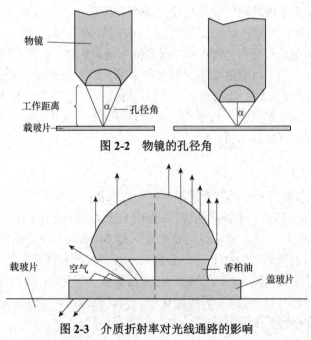

图 2-2 物镜的孔径角

图 2-3 介质折射率对光线通路的影响

2. 分辨率

分辨率是指分辨物像细微结构的能力。分辨率常用可分辨出的物像两点间的最小距

离（D）来表征［式（2-2）］。D 值越小，分辨率越高。

$$D = \frac{\lambda}{2n\sin\frac{\alpha}{2}} \quad (2\text{-}2)$$

式中，λ——光波波长。

结合式（2-1）和式（2-2）可知，D 可表示为

$$D = \frac{\lambda}{2\text{NA}} \quad (2\text{-}3)$$

根据式（2-3），在物镜数值孔径不变的条件下，D 值的大小与光波波长成正比。要提高物镜的分辨率，可通过以下两条途径。

（1）采用短波光源。普通光学显微镜所用的照明光源为可见光，其波长范围为 400～700nm。缩短照明光源的波长可以降低 D 值，提高物镜分辨率。

（2）加大物镜数值孔径。提高孔径角 α 或提高介质折射率 n，都能提高物镜分辨率。若用可见光作为光源（平均波长为 550nm），并用数值孔径为 1.25 的油镜来观察标本，能分辨出的两点距离约为 0.22μm。用光学显微镜观察标本时，其波长不可能短于可见光的波长，因此必须依靠增大物镜的数值孔径来提高显微镜的分辨率。

3. 放大率

普通光学显微镜利用物镜和目镜两组透镜来放大成像，故又被称为复式显微镜。采用普通光学显微镜观察标本时，标本先被物镜第一次放大，再被目镜第二次放大（图 2-4）。所谓放大率是指放大物像与原物体的大小之比。因此，显微镜的放大率（V）是物镜放大倍数（V_1）和目镜放大倍数（V_2）的乘积，即

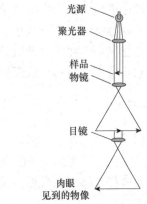

图 2-4 普通光学显微镜的放大成像原理

$$V = V_1 \times V_2 \quad (2\text{-}4)$$

如果物镜放大 40 倍，目镜放大 10 倍，则显微镜的放大率是 400 倍。常见物镜（油镜）的最高放大倍数为 100 倍，目镜的最高放大倍数为 15 倍，因此一般显微镜的最高放大率是 1 500 倍。

4. 焦深

一般将焦点所处的像面称为焦平面。在显微镜下观察标本时，焦平面上的物像比较清晰，但除了能看见焦平面上的物像外，还能看见焦平面上面和下面的物像，这两个面之间的距离称为焦深。物镜的焦深与数值孔径和放大率成反比，数值孔径和放大率越大，焦深越小。因此，在使用油镜时需要细心调节，否则物像极易从视野中滑过而不能找到。

二、微生物标本观察实操训练

（一）设备和材料

微生物标本观察设备和材料一览表如表 2-1 所示。

表 2-1 设备和材料一览表

序号	名称	作用
1	普通光学显微镜	观察标本
2	微生物标本片	练习显微镜标本观察
3	香柏油	油镜观察
4	无水乙醇	显微镜维护
5	擦镜纸	显微镜维护

（二）普通光学显微镜的使用

1. 取镜并检查

从镜箱中取出普通光学显微镜时，一手握镜臂，一手托镜座，直立平移，以防反光镜及目镜脱落被摔坏，将显微镜放置于平稳的实验台上。检查各部件是否齐全，镜头是否清洁。端正坐姿，镜检时两眼同时睁开，单目显微镜一般用左眼观察，用右眼绘图或做记录。双目显微镜可用双眼观察。

2. 调节光源

使低倍镜与镜筒成一直线，调节反光镜，让光线均匀照射在反光镜上。使用电光源显微镜时，打开照明光源，并使整个视野都有均匀的照明，调节亮度，然后升降聚光器，开启虹彩光圈将光线调至合适的亮度。

3. 放置样本

将要观察的标本（涂面朝上）置于载物台中间，调节待检样品位于物镜正下方，用压片夹固定。

4. 低倍镜观察

低倍镜下视野范围大，易找到目标。转动粗调螺旋，使物镜接近盖玻片，距离约 10mm。为了防止物镜压在标本玻片上而受到损伤，可在侧面观察，然后从目镜中观察视野，旋动粗调节器，使镜筒徐徐上升，直至出现物像，再用细调节器调至物像清晰为止。

5. 观察样本

使用推动器移动标本，认真观察标本各部分，寻找要观察的目标。

6. 中倍镜和高倍镜观察

转动转换器,依次用中倍镜和高倍镜观察低倍镜下锁定的部位,并随着物镜放大倍数的增加,逐步提升聚光器增强光线亮度,找出目标,移至视野中央。显微镜、载玻片和盖玻片都符合标准时,可做等高转换,即显微镜的所有物镜一般是共焦点的。一般情况下,转换物镜时也要从侧面观察,避免镜头与玻片相撞。然后用细调节器稍加调节,就可获得清晰的图像。转动转换器时,不要用手指直接扳动物镜镜头(图2-5)。

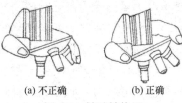

(a) 不正确　　(b) 正确

图 2-5　转动转换器

7. 油镜观察

将聚光器提升至最高点,转动转换器,移开高倍镜,使高倍镜和油镜呈八字形,在载玻片目标物上滴加一滴香柏油。从侧面注视,下降镜筒,使油镜前端浸入香柏油。调节光照,然后一边观察一边用细调节器缓缓升高镜筒。直至视野中出现清晰的物像。如果油镜上升至离开油面还未看清物像,则需重新调节。调节时,小心转动粗调节器将油镜重新浸在香柏油中,但不能让油镜压在标本上,更不能用力过猛,以防击碎玻片,损坏镜头。

8. 调换标本

观察新标本时,必须重新从第三步开始操作。

9. 用后复原

观察完毕,转动粗调螺旋提升镜筒,取下载玻片,及时把镜头上的香柏油擦去。擦拭时先用擦镜纸擦1~2次,然后用擦镜纸沾取少量二甲苯或无水乙醇再擦1次,擦去镜头上的残留油迹,最后再用干净的擦镜纸擦2次。用柔软的绸布擦拭显微镜的机械部分。降低镜筒,将物镜镜头转呈八字形置于载物台上,降低聚光器,避免聚光器与物镜相碰。使反光镜垂直于镜座,以防受损。将显微镜放回镜箱,并放入指定的显微镜柜内。置干燥通风处,并避免阳光直射,避免和挥发性化学试剂放在一起。

(三)微生物标本片的观察

观察青霉、曲霉、酵母菌、放线菌、大肠埃希菌等常见微生物标本片,认识微生物的基本形态和特殊结构。

严格按照普通光学显微镜操作方法,依低倍镜、高倍和油镜的次序观察微生物标本片。用铅笔分别绘出低倍镜、高倍镜和油镜下观察到的青霉、曲霉、酵母菌、放线菌、大肠埃希菌等的形态,包括在三种情况下视野中的变化,同时注明物镜放大倍数和总放大率。

(四)普通光学显微镜的正确使用及维护

1. 正确安装

使用普通光学显微镜前,首先要把显微镜的目镜和物镜安装上去。目镜的安装极为简单,主要的问题在于物镜的安装,由于物镜镜头较贵重,如果安装时螺纹没合好,易脱落,造成镜头损坏,安装物镜时用左手食指和中指托住物镜,然后用右手将物镜装上去,这样即使没安装好,也不会因脱落而造成损坏。

取送显微镜时一定要一手握住弯臂,另一手托住底座。显微镜不能倾斜,以免目镜从镜筒上端滑出。取送显微镜时要轻拿轻放。

2. 正确对光

观察前对光是使用显微镜时重要的一个环节,一定要先用低倍镜对光,当光线较强时用小光圈、平面镜,而光线较弱时则用大光圈、凹面镜。反光镜要用双手转动,直到看到均匀光亮的圆形视野为止。光对好后不要随意移动显微镜,以免光线不能准确地通过反光镜进入通光孔。观察时不能随意移动显微镜的位置。

3. 物镜转换

使用低倍镜后换用高倍镜转换物镜镜头时,应该用手握转换器的下层转动扳转换物镜,切忌用手指直接推转物镜,这样容易使物镜的光轴发生偏斜,因为是转换器的材料质地较软,精度较高,螺纹受力不均匀很容易松脱。一旦螺纹破坏,整个转换器就会报废。

4. 正确使用准焦螺旋

使用准焦螺旋调节焦距,找到物像是显微镜使用中最重要的一步。调节焦距一定要在低倍镜下调,先转动粗准焦螺旋,使镜筒慢慢下降,物镜靠近载玻片,但注意不要让物镜碰到载玻片,在这个过程中眼睛要从侧面看物镜,然后用左眼朝目镜内注视,并慢慢反向调节粗准焦螺旋,使镜筒缓缓上升,直到看到物像为止,一般显微镜的物距在1cm左右,所以如果物距已远远超过1cm,但仍未看到物像,那可能是标本未在视野内或转动粗准焦螺旋过快,此时应调整装片位置,然后再重复上述步骤,当视野中出现模糊的物像时,换用细准焦螺旋调节,缩小寻找范围,提高找到物像的速度。切勿随意转动调焦手轮。使用微动调焦旋钮时,用力要轻,转动要慢。

在操作中极易出现以下错误:一是在高倍镜下直接调焦;二是不管镜筒上升或下降,眼睛始终在目镜中看视野;三是不了解物距的临界值,物距调到2~3cm时还在往上调,而且转动准焦螺旋的速度很快。前两种错误结果往往造成物镜镜头抵触到装片,损伤装片或镜头,而第三种错误则是使用显微镜时最常见的一种现象。

不得任意拆卸显微镜上的零件,严禁随意拆卸物镜镜头,以免损伤转换器螺口,或螺口松动后使低高倍物镜转换时不齐焦。

使用高倍物镜时,勿用粗动调焦手轮调节焦距,以免移动距离过大,损伤物镜和玻片。

5. 显微镜镜头的清洗

每次使用后可用无水乙醇对显微镜的镜头进行清洗。清洗时应用擦镜头纸沾有少量清洗剂,从镜头中心向外做圆运动。切忌把镜头浸泡在清洗剂中清洗,清洗镜头时不要用力擦拭,否则会损伤增透膜,损坏镜头。

6. 保持显微镜的干燥、清洁

显微镜最好在干燥、清洁的环境中保存，避免灰尘及化学品玷污。当光学玻璃生霉后，光线在其表面发生散射，会使成像模糊不清，严重者将使仪器报废。光学玻璃生霉的原因多是因其表面附有微生物孢子，在温度、相对湿度适宜，又有所需"营养物"时，便会快速生长，形成霉斑。对光学玻璃做好防霉防污尤为重要，一旦产生霉斑应立即清洗。

普通光学显微镜用毕送还前，必须检查物镜镜头上是否沾有水或试剂，如有则要擦拭干净，并且要把载物台擦拭干净，然后将显微镜放入箱内，并注意锁箱。

思考与测试

（1）简述普通光学显微镜维护的主要操作步骤。
（2）简述普通光学显微镜操作的注意事项。

课程思政案例

钟南山院士与 SARS、新型冠状病毒肺炎

任务二　细菌的简单染色和革兰氏染色

细菌的简单染色和革兰氏染色

☞ **知识目标**
（1）掌握微生物涂片、染色的基本技术。
（2）掌握简单染色和革兰氏染色的原理，理解着色机理。
（3）熟悉细菌的个体形态和菌落特征。

☞ **能力目标**
（1）能熟练进行细菌的简单染色和革兰氏染色，并能正确染色。
（2）能熟练观察细菌的个体形态和菌落特征。

一、染色的基本原理

细菌的菌体很小，活细胞含水量在 80%～90%，因此对光的吸收和反射与水溶液相差不大，机体是无色透明的，与周围背景没有明显的色差，在普通光学显微镜下不易识别，所以观察其细胞结构必须染色，使经染色后的菌体与背景形成明显的色差，从而能更清楚地观察其形态和结构。

根据实验目的的不同,可分为简单染色法、革兰氏染色法和特殊染色法等,本书只介绍前两种。

(一) 简单染色法

简单染色法是利用单一染料使细菌着色以显示其形态的染色方法。微生物细胞是由蛋白质、核酸等两性电解质及其他化合物组成的。所以,微生物细胞表现出两性电解质的性质。两性电解质兼有碱性基和酸性基,在酸性溶液中离解出碱性基呈碱性带正电,在碱性溶液中离解出酸性基呈酸性带负电。常用于微生物染色的染料主要有碱性染料、酸性染料和中性染料三大类。碱性染料在电离时,其分子的染色部分带正电荷,能和带负电荷的物质结合。细菌蛋白质等电点较低,pI 值为 2~5,通常情况下带负电荷,常采用碱性染料使其着色,如亚甲蓝、结晶紫、碱性复红或孔雀绿等。酸性染料的离子带负电荷,能与带正电荷的物质结合。当细菌生长繁殖时可使培养基的 pH 值降低,所带的正电荷增加,易被酸性染料着色,如伊红、酸性复红、刚果红等。中性染料是酸性染料和碱性染料的结合物,亦称复合染料,如伊红亚甲蓝、伊红天青等。

影响染色的其他因素,除了菌体细胞的构造和膜的通透性外,还与培养基的组成、菌龄、染液中的电解质含量、pH 值、温度和药物的作用有关。

简单染色法适用于菌体一般形状和细菌排列的观察,难以辨别细胞的构造。

(二) 革兰氏染色法

1. 革兰氏染色法的基本原理

革兰氏染色法是细菌学中很重要的分类和鉴别法,通过此方法,不仅能观察到细菌的形态特征,还可将细菌分为两类:染色反应呈蓝紫色的革兰氏阳性菌(G^+)和革兰氏阴性菌(G^-)。

研究表明,G^+ 和 G^- 的不同反应是由于它们的细胞壁结构和成分不同(图 2-6、表 2-2)。G^+ 的细胞壁主要是由肽聚糖形成的网状结构,肽聚糖层较厚,交联度高,类脂含量少。染色过程中,经乙醇处理后使之脱水,而使肽聚糖层的孔径缩小,通透性降低,结晶紫-碘的复合物保留在细胞壁内而不被脱色,因此细菌呈现结晶紫的紫色。G^- 细胞壁中的肽聚糖含量低,交联度低,类脂含量高,乙醇脱色处理后溶解了脂类物质,细胞壁孔径增大,细胞壁的通透性增加,使初染的结晶紫-碘的复合物易于渗出,细菌被脱色,然后被染上了复染液(番红)的颜色,因此呈现红色。

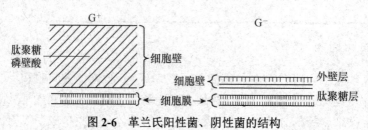

图 2-6 革兰氏阳性菌、阴性菌的结构

表 2-2 革兰氏阳性菌与革兰氏阴性菌细胞壁成分的比较

成分	占细胞壁干重比例/%	
	革兰氏阳性菌	革兰氏阴性菌
肽聚糖	含量很高（30～95）	含量很低（5～20）
磷壁酸	含量较高（<50）	无
类脂质	一般无（<2）	含量较高（～20）
蛋白质	无	含量较高

2. 革兰氏染液的作用

革兰氏染液包括碱性初染液、媒染剂、脱色剂和复染液。碱性初染液的作用如同细菌的简单染色法基本原理中所述。革兰氏染色的初染液一般是结晶紫。媒染剂能增加染料和细胞间的亲和力或附着力，即以某种方式帮助染料固定在细胞上，使其不易脱落。不同类型的细胞脱色反应不同，有的能被脱色，有的不能，常用的脱色剂是95%乙醇。复染液是一种颜色不同于初染液的碱性染料。复染的目的是使被脱色的细胞染上不同于初染液的颜色，而未被脱色的细胞仍然保持初染的颜色，从而将细胞区分成 G^+ 和 G^- 两大类。常用的复染液是番红。

革兰氏染色技术操作

二、染色实操训练

（一）设备和材料

染色设备和材料一览表如表 2-3 所示。

表 2-3 染色设备和材料一览表

序号	名称	作用
1	普通光学显微镜	观察标本
2	酒精灯	染色制片中干燥涂片
3	擦镜纸	显微镜维护
4	无水乙醇	显微镜维护
5	载玻片	染色制片
6	接种环	菌种挑取
7	蒸馏水（或生理盐水）	染色制片清洗

（二）菌种和试剂

1. 菌种

培养 12～16h 的苏云金芽孢杆菌或枯草杆菌斜面菌种，培养 24h 的大肠埃希菌斜面菌种。

2. 试剂

石炭酸品红、吕氏碱性亚甲蓝、革兰氏染液、无水乙醇、95%乙醇（脱色液）、香柏油。表2-4为染液的成分及配制方法。

表 2-4 染液的成分及配制方法

石炭酸品红		A 液：碱性品红 0.3g，95%乙醇 10mL
		B 液：石炭酸 5.0g，蒸馏水 95mL
		制法：将 A 液和 B 液混合摇匀过滤
吕氏亚甲蓝		A 液：亚甲蓝含染料 90% 0.3g，95%乙醇 30mL
		B 液：KOH（0.01%，质量分数）100mL
		配制：将 A 液和 B 液混合摇匀使用
革兰氏染液	结晶紫染液	成分：结晶紫 1.0g，95%乙醇 20.0mL，1%草酸铵水溶液 80.0mL
	革兰氏碘液	成分：碘 1.0g，碘化钾 2.0g，蒸馏水 300mL
		配制：将碘与碘化钾先行混合，加入蒸馏水少许充分振摇，待完全溶解后，再加蒸馏水至 300mL
	沙黄（番红）复染液	沙黄 0.25g，95%乙醇 10.0mL，蒸馏水 90.0mL
		配制：将沙黄在乳钵内研磨，用 95%乙醇溶解，加入 90.0mL 蒸馏水混合，即可使用

（三）操作步骤

1. 简单染色法

（1）涂片。取干净载玻片一片，将其在火焰上微微加热，除去油脂，冷却，滴一小滴蒸馏水（或生理盐水）在中央部位，按无菌操作法［图 2-7（a）～（f）］，用接种环从斜面上挑取少量菌体与水混匀，涂成均匀的薄层。注意滴蒸馏水和取菌不要太多，涂片要均匀，不宜过厚，涂布面积直径约 1.5cm 为宜。

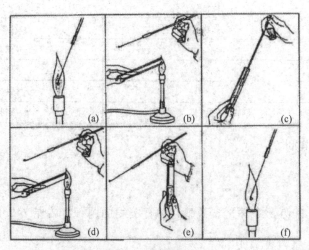

图 2-7 无菌操作过程

(2)干燥。让涂片在室温中自然晾干或者在酒精灯火焰上方用小火烘干,切勿紧靠火焰或加热时间过长,以防标本烤枯而变形。

(3)固定。手执载玻片一端,有菌膜的一面朝上,通过微火3~4次固定(用手指接触涂片反面,以不烫手为宜,不超过60℃,否则会改变甚至破坏细胞的形态)。固定的目的是杀死活菌,使菌体蛋白质凝固,以固定细胞的形态,使之牢固附着在载玻片上。

(4)染色。将涂片放在搁架上,滴加染液一滴,铺满涂菌部分。吕氏碱性亚甲蓝染色1~2min;石炭酸品红或草酸铵结晶紫染色约1min。

(5)冲洗。倾去染液,斜置载玻片,用水轻轻冲去多余染液,直至流水变清为止。注意水流不得直接冲在涂菌处,以免将菌体薄膜冲掉。

(6)干燥。将洗过的涂片放在空气中晾干或用吸水纸吸干,切勿将菌体擦掉。

(7)镜检。先用低倍镜把要观察的部位放在视野里,找到目标物后,在涂片上加香柏油一滴,换上油镜头,将油镜头浸入油滴中仔细调焦观察细菌的形状和排列方式。

(8)染液回收。使处理后的废液达到污水可排放标准,减少对环境的污染。

简单染色操作过程如图2-8所示。

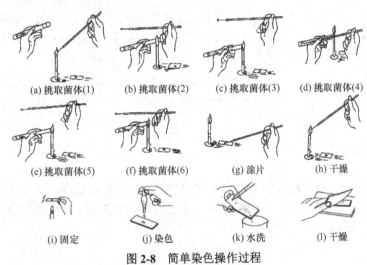

图2-8 简单染色操作过程

2. 革兰氏染色法

(1)制片。取斜面培养物如简单染色法涂片、干燥、固定。

(2)初染。加适量结晶紫染液(以刚好将菌膜覆盖为宜)染色1~2min,水洗。

(3)媒染。用革兰氏碘液冲去残水,并用碘液覆盖1min,水洗。

(4)脱色。将载玻片倾斜在水池边,连续滴加95%乙醇脱色,直至流出的乙醇刚刚不出现蓝色为止(20~30s),立即水洗。

(5)复染。滴加沙黄或品红,复染1~2min,水洗。

(6)干燥。将染好的涂片放在空气中晾干或者用吸水纸吸干,切勿将菌体擦掉。

(7)镜检。镜检时先用低倍镜,再用高倍镜,最后用油镜观察,注意菌体呈现的颜色。菌体被染成蓝紫色的是革兰氏阳性菌(G^+),被染成红色的是革兰氏阴性菌(G^-)。

以分散开的细菌的革兰氏染色反应为准,过于密集的细菌,常常呈假阳性。

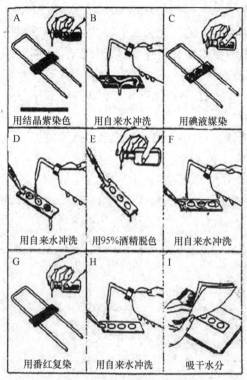

图 2-9　革兰氏染色流程

(8)染液回收。利用革兰染色二步法的废液处理方法,对废液进行了有效地处理,使处理后的废液达到了污水可排放标准,减少对环境的污染。

图 2-9 为革兰氏染色流程。

3. 混合涂片法

按照简单染色法和革兰氏染色法,在同一载玻片上,以大肠埃希菌和苏云金芽孢杆菌做混合涂片、染色、镜检比较。

(四)结果与报告

(1)观察细菌的菌落。观察大肠埃希菌、枯草芽孢杆菌或苏云金芽孢杆菌等细菌平板菌落,注意菌落形状、大小、颜色、光泽、透明度、边缘状况等。

(2)绘出苏云金芽孢杆菌和大肠埃希菌的形态图,并在表 2-5 中注明两种菌的革兰氏染色的结果。

(五)注意事项

(1)革兰氏染色的关键在于乙醇脱色程度的掌控,如脱色过度,则 G^+ 可被脱色误染成 G^-;如脱色不足,则 G^- 可被误染成 G^+。脱色时间的长短受涂片厚薄及乙醇用量多少等因素的影响,难以严格规定。

表 2-5　革兰氏染色结果记录

菌名	菌体颜色	菌体形态	G^+ 或 G^-

(2)染色过程中不可使染液干涸,用水冲洗后,应吸去载玻片上的残水,以免染液被稀释而影响染色效果。

(3)选用幼龄菌种。菌种的菌龄也会影响染色结果,如 G^+ 培养时间过长或已死亡及部分菌自行溶解了,都常呈阴性反应。选用幼龄的细菌 G^+ 培养 12~16h,大肠埃希菌培养 24h。

 思考与测试

(1)简述革兰氏染色法的基本操作步骤。

（2）简述革兰氏染色法的注意事项。

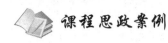

弘扬科学家精神-中国微生物学家"沙眼之父"汤飞凡

任务三　放线菌的形态观察

☞ **知识目标**
　　（1）了解放线菌的菌落特征。
　　（2）了解放线菌的群体形态及个体形态特征。
☞ **能力目标**
　　（1）掌握观察放线菌形态的基本方法。
　　（2）观察放线菌菌落特征和个体形态特征。

放线菌的形态观察

一、放线菌形态与制片方法

放线菌是指一类呈丝状生长、不分隔的单细胞革兰氏阳性菌，因其菌落在固体表面呈放射状生长而得名，主要存在于土壤中，大部分腐生，少数寄生，也有的与植物共生固氮。

（一）放线菌的形态

常见的放线菌大多能形成菌丝体，根据菌丝的着生部位、形态和功能的不同，放线菌的菌丝可分为基内菌丝、气生菌丝和孢子丝三种。基内菌丝是紧贴培养基表面或插入培养基内生长的，又称初级菌丝或营养菌丝，直径为 0.2～0.8μm，主要功能是吸收营养物质和排泄代谢产物；气生菌丝是基内菌丝长出培养基外并伸向空气的菌丝，又称二级菌丝，显微镜观察时，一般颜色较深，比基内菌丝粗，直径为 1.0～1.4μm，形状直形或弯曲。当气生菌丝发育到一定程度，其顶端分化出的可形成孢子的菌丝，称为孢子丝，又称繁殖菌丝。孢子丝发育到一定阶段便分化为孢子，由于放线菌的种类不同，孢子也具有不同颜色和形态，常将其作为菌种鉴定的依据。

（二）放线菌的制片方法

有的放线菌只产生基内菌丝而无气生菌丝，在显微镜下直接观察时，气生菌丝较暗而基内菌丝较透明，孢子丝有直形、波形、螺旋形或轮生等各种形态。孢子有球形、椭圆形、杆状和柱状等。它们的形态构造都是放线菌分类鉴定的重要依据。普通的制片方法往往很难观察到放线菌的整体形态，必须采用适当的培养方法，以便将自然生长的放线菌直接置于显微镜下观察,通常采用的方法有玻璃纸法、插片法和印片法。

1. 玻璃纸法

玻璃纸法是将一种透明的、灭菌的玻璃纸覆盖在琼脂平板表面,然后将放线菌接种于玻璃纸上,经培养,放线菌在玻璃纸上生长形成菌苔。观察时,揭下玻璃纸,固定在载玻片上直接镜检。这种方法既能保持放线菌的自然生长状态,也便于观察不同生长期的形态特征。

2. 插片法

插片法是将放线菌接种在琼脂平板上,插上灭菌盖玻片后培养,使放线菌菌丝沿着培养基表面与盖玻片的交接处生长而附着在盖玻片上。观察时,轻轻取出盖玻片,置于载玻片上直接镜检。这种方法可观察到放线菌自然生长状态下的特征,而且便于观察不同生长期的形态。

3. 印片法

放线菌的孢子丝形状和孢子排列情况是放线菌分类的重要依据,为了不打乱孢子的排列情况,常用印片法进行制片观察。

二、放线菌形态观察训练

(一)设备和材料

设备和材料一览表如表2-6所示。

表2-6 设备和材料一览表

序号	名称	作用
1	高压灭菌锅	培养基、培养皿等灭菌
2	普通光学显微镜	观察标本
3	玻璃纸	玻璃纸琼脂培养基制备
4	香柏油	油镜观察
5	擦镜纸	显微镜维护
6	无水乙醇	显微镜维护
7	载玻片	染色制片
8	接种环	接种
9	接种铲	接种
10	蒸馏水(或生理盐水)	染色制片清洗
11	无菌平皿	菌种培养
12	无菌水	孢子悬浮液制备
13	1mL无菌吸管	无菌水吸取
14	镊子	将玻璃纸与培养基分离
15	无菌玻璃涂布棒	菌种涂布
16	无菌剪刀	将玻璃纸剪成小块

（二）菌种、培养基和试剂

1. 菌种

培养 5～7d 的细黄链霉菌或青色链霉菌或弗氏链霉菌的斜面菌种。

2. 培养基

灭菌的高氏 1 号琼脂培养基：可溶性淀粉 20g，KNO_3 1g，K_2HPO_4 0.5g，$MgSO_4 \cdot 7H_2O$ 0.5g，NaCl 0.5g，$FeSO_4 \cdot 7H_2O$ 0.01g 配制时，先用少量冷水将淀粉调成糊状，倒入少于所需水量的沸水中，在火上加热边搅拌边依次逐一溶化其他成分，溶解后，补足水分到 1 000mL，调 pH 值，121℃灭菌 20min。

3. 试剂

石炭酸品红染液。
A 液：碱性品红 0.3g，95%乙醇 10mL。
B 液：石炭酸 5.0g，蒸馏水 95mL。
将 A 液和 B 液混合摇匀过滤。

（三）操作步骤

1. 玻璃纸法

（1）玻璃纸的选择与灭菌。选择能够允许营养物质透过的玻璃纸，也可收集商品包装用玻璃纸，加水煮沸，然后用冷水冲洗。经此处理后的玻璃纸若变硬，则不可用。将玻璃纸剪成培养皿大小，经水浸湿后，放入培养皿中，121℃高压蒸汽灭菌 30min。

（2）孢子悬液的制备。将放线菌斜面菌种制成 10^{-3} 的孢子悬液。

（3）倒平板。将高氏 1 号琼脂培养基熔化后倒入无菌培养皿内，每皿约 15mL。

（4）铺玻璃纸。待培养基凝固后，在无菌操作下用镊子将无菌玻璃纸紧贴在琼脂平板上，玻璃纸和琼脂平板之间不能留气泡，即制成玻璃纸琼脂平板培养基。

（5）接种。分别用 1mL 无菌吸管取 0.2mL 链霉菌孢子悬液滴加在玻璃纸琼脂平板培养基上，并用无菌玻璃涂布棒涂匀。

（6）培养。将已接种的玻璃纸琼脂平板倒置于 28～30℃下培养。

（7）镜检。当培养至 3d、5d、7d 时，从培养箱中取出平皿，在无菌环境下打开培养皿，用无菌镊子将玻璃纸与培养基分离，用无菌剪刀取小片置于载玻片上用显微镜观察，先用低倍镜，再用高倍镜。也可将培养皿直接置于显微镜下观察。

2. 插片法（图 2-10）

（1）直接插片法。
① 孢子悬液的制备，同玻璃纸法。
② 倒平板，同玻璃纸法。
③ 接种，同玻璃纸法。

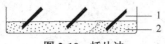

图 2-10 插片法

④ 插片。以无菌操作用镊子将灭过菌的盖玻片以约 45°角插入琼脂中,插片数量可根据需要而定。

⑤ 培养。将插片平板倒置 28~30℃下培养,培养时间根据观察的目的而定,通常 3~5d。

⑥ 镜检。用镊子小心拔出盖玻片,擦去背面培养物,然后将有菌的一面朝上放在载玻片上,直接镜检。先用低倍镜,再用高倍镜。如果用 0.1%亚甲蓝染液对培养后的盖玻片进行染色后观察,效果会更好。

观察菌丝和孢子丝自然生长的性状,其中包括气生菌丝(较粗)、基内菌丝(较细)和孢子丝的形状,如生长状况及孢子丝的卷曲等,并绘图说明。首先寻找插在培养基的界面分界线,观察营养菌丝、气生菌丝形态及生长情况。调节亮度,直接镜检。

(2) 浸染法插片放线菌形态观察。

① 插片培养(高氏 1 号培养基)。取片。

② 浸染。把盖玻片上长有放线菌的部分,放入苯酚品红染液池中浸染 0.5~1min。

③ 染色。染色时,混合 A 液和 B 液,再将混合液稀释 5 倍制成。

④ 干燥。染色完毕,用吸水纸吸掉盖玻片上多余的染液,将盖玻片放于酒精灯火焰上部烘干,注意温度不宜过高,以免盖玻片碎裂。

⑤ 镜检。取一片洁净载玻片,滴入适量蒸馏水,用镊子将干燥好的盖玻片放在滴有蒸馏水的地方,有菌的一面朝上,操作中尽量避免气泡的产生。盖玻片紧紧地贴附在载玻片上后,切勿随意移动,随即进行显微观察。

3. 印片法

(1) 制片。取干净载玻片一片,用接种铲将平板上的放线菌菌苔连同培养基切下一小块,放在载玻片上。另取一片洁净载玻片在火焰上微热后,对准菌苔的气生菌丝轻轻按压,使培养物(气生菌丝、孢子丝或孢子)"印"在后一片载玻片中央,然后将载玻片垂直拿起。注意不要使培养基在玻片上滑动,否则会打乱孢子丝的自然形态。

(2) 固定。将印有放线菌的涂面朝上,通过酒精灯火焰 2~3 次加热固定。

(3) 染色。用石炭酸品红染色 1min,水洗。

(4) 晾干。不能用吸水纸吸干。

(5) 镜检。先用低倍镜,再用高倍镜,最后用油镜观察孢子丝、孢子的形态及孢子的排列情况。

(四)结果与报告

(1) 绘出链霉菌自然生长的个体形态图。
(2) 绘出所观察链霉菌的孢子丝和孢子的形态图。

(五)注意事项

有菌的一面朝上,操作中尽量避免气泡的产生,盖玻片紧紧地附着在载玻片上,切勿随意移动，随即进行显微观察。

思考与测试

（1）为什么在培养基上放了玻璃纸后放线菌仍能生长？
（2）印片法成败的关键在哪里？
（3）比较不同放线菌形态特征的异同点。

课程思政案例

科学家屠呦呦与青蒿素

任务四　酵母菌的形态观察及死活细胞的染色鉴别

☞ 知识目标
（1）掌握酵母菌形态及出芽繁殖方式。
（2）熟悉鉴别酵母菌死活细胞的染色原理和方法。
☞ 能力目标
（1）能利用显微镜观察酵母菌的个体形态。
（2）能鉴别酵母菌死活细胞。

酵母菌的形态观察及死活细胞的染色鉴别

　　酵母菌是不运动的单细胞真核微生物，细胞核与细胞质有明显的分化，其个体直径通常比细菌大 10 倍左右且不运动，因此，不必染色即可用显微镜观察其形态。酵母菌细胞呈圆形、卵圆形、腊肠形，有些酵母菌能形成假菌丝。酵母菌的繁殖分为无性繁殖和有性繁殖，以无性繁殖为主。芽殖是普遍的繁殖方式，少数进行分裂繁殖。本任务通过亚甲蓝染液水浸片和水-碘液水浸片来观察酵母菌的结构模式（图 2-11）和出芽繁殖过程和方式（图 2-12、图 2-13）。

　　亚甲蓝染液是一种弱氧化剂，它的氧化型呈蓝色，还原型无色。用亚甲蓝对酵母菌的活细胞进行染色时，由于活细胞的新陈代谢旺盛，还原力强，能使亚甲蓝从蓝色的氧化型还原为无色的还原型，而死细胞或代谢作用微弱的衰老细胞则无还原能力，因此酵母菌活细胞是无色的，而死细胞或代谢作用微弱的衰老细胞则呈蓝色或淡蓝色。借此即可对酵母菌的死活细胞进行鉴别。

一、设备和材料

设备和材料一览表如表 2-7 所示。

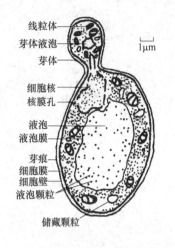
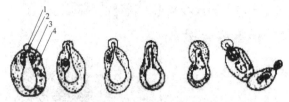

1. 小突起；2. 小管；3. 细胞核；4. 液泡

图 2-11 酵母菌细胞结构模式图　　　图 2-12 酵母菌的芽殖过程

(a) 多边芽殖　　(b) 两端芽殖　　(c) 三边芽殖　　(d) 一端芽殖

图 2-13 酵母菌的芽殖方式

表 2-7　设备和材料一览表

序号	名称	作用
1	普通光学显微镜	观察标本
2	酒精灯	染色制片中干燥涂片
3	擦镜纸	显微镜维护
4	无水乙醇	显微镜维护
5	载玻片	染色制片
6	盖玻片	染色制片
7	接种环	菌种挑取
8	镊子	夹取盖玻片

二、菌种和试剂

1. 菌种

酿酒酵母斜面菌种。

2. 试剂

（1）吕氏亚甲蓝染液。

A 液：亚甲蓝含染料 90% 0.3g，95%乙醇 30mL。

B液：KOH（0.01%质量分数）100mL，将A液和B液混合摇匀使用。

（2）革兰氏碘液：碘1.0g，碘化钾2.0g，蒸馏水300mL。制法：将碘与碘化钾先行混合，加入蒸馏水少许充分振摇，待完全溶解后，再加蒸馏水至300mL。

三、操作步骤

1. 亚甲蓝染液浸片的观察

（1）制片。在洁净载玻片中央加一小滴吕氏亚甲蓝染液，然后按无菌操作用接种环挑取少量酵母菌放在染液中，混合均匀，染色3～5min。

（2）加盖玻片。用镊子取一块盖玻片，先将盖玻片一端与菌液接触，然后慢慢将盖玻片放下使其盖在菌液上。盖玻片不宜平放，以免产生气泡影响观察。

（3）镜检。将制片立即放在显微镜下镜检，先用低倍镜，后用高倍镜，观察酵母的形态、构造、内含物和出芽情况，并根据颜色来区别死活细胞。

（4）将制片放置约5min后镜检，注意死细胞数量是否增加。

（5）染色约30min后再次观察，注意死细胞数量是否增加。

（6）吕氏亚甲蓝染液染色。用0.05%吕氏亚甲蓝染液重复上述操作。

（7）整理。清洗载玻片，整理实验台。

2. 水-碘液浸片的观察

在载玻片中央加一小滴革兰氏染色用碘液，然后在其上加3小滴水，取少许酵母菌放入水-碘液中混匀，盖上盖玻片后镜检。

3. 菌落特征和菌苔特征的观察

用划线分离的方法接种酵母在平板上，28～30℃培养3d，观察菌落表面湿润程度、隆起形状、边缘整齐度、大小、颜色等，并用接种环挑菌，注意与培养基结合是否紧密。取斜面的菌种观察菌苔特征。

四、结果与报告

（1）绘图说明所观察的酵母菌的形态特征。

酵母菌0.1%亚甲蓝浸片观察5min（10×10）。

酵母菌0.05%亚甲蓝浸片观察5min（10×10）。

酵母菌0.1%亚甲蓝浸片观察30min（10×40）。

酵母菌0.05%亚甲蓝浸片观察30min（10×40）。

（2）将酵母菌的死活细胞鉴别结果填入表2-8中。

表2-8 鉴别结果记录表

项目	立即观察	5min后	30min后
死活情况			

五、注意事项

染液不宜过多或过少，否则在盖上盖玻片时，菌液会溢出或出现大量气泡。用接种环将菌体与染液混合时，不要剧烈涂抹，以免破坏细胞。

思考与测试

（1）酵母菌和细菌在形态大小、细胞结构上有何区别？
（2）在同一平板上有细菌和酵母菌两种菌落，如何识别？
（3）如何鉴别死和活的酵母菌？

课程思政案例

啤酒酵母的应用发展史

任务五　微生物细胞大小的测定

☞ **知识目标**

（1）了解目镜测微尺和镜台测微尺的构造和使用原理。
（2）掌握对不同形态细菌大小测定的分类学基本要求，增强对微生物细胞大小的感性认识。
（3）掌握微生物细胞大小测定的方法及结果记录。
（4）掌握微生物细胞大小测定的质控关键步骤。

☞ **能力目标**

（1）能利用镜台测微尺测定目镜测微尺的每格绝对值。
（2）能根据企业产品类型确定微生物细胞大小的测定方案。
（3）能根据检验方案完成微生物细胞大小的测定。
（4）能按要求准确完成测微尺的使用并记录。
（5）能分析处理与判定检验结果、按格式要求撰写微生物检验报告。

微生物细胞大小的测定

微生物细胞的大小是微生物重要的形态特征之一，只有在显微镜下用刻有一定刻度的测微尺才能测量。测微尺分目镜测微尺和镜台测微尺，先用绝对长度的镜台测微尺在一定放大倍数下校正不表示绝对长度的目镜测微尺，计算后者每格所代表的实际长度，然后移去镜台测微尺，换上待测的标本，用校正好的目镜测微尺在同样放大倍数下测量标本上微生物细胞占目镜测微尺的格数，就可计算该微生物的大小。

一、设备和材料

设备和材料一览表如表 2-9 所示。

表 2-9 设备和材料一览表

序号	名称	作用
1	显微镜	观察，放大物像
2	镜台测微尺（0.01mm）	微生物大小的测定
3	目镜测微尺（0.01mm）	微生物大小的测定
4	酿酒酵母斜面菌种	观察菌种
5	载玻片	菌种的放置便于显微镜观察
6	滴管	吸取菌悬液
7	吸水纸	吸去多余水分
8	蒸馏水	用于菌悬液配制
9	双层瓶（香柏油和二甲苯）	显微镜、测微尺的擦拭
10	擦镜纸	镜头擦拭
11	接种环	挑取菌种
12	酒精灯	用于灭菌和接种

二、培养基和试剂

蒸馏水、0.01%吕氏亚甲蓝染液、无菌生理盐水。

三、操作步骤

测定程序流程如图 2-14 所示。

1. 测微尺的构造和使用方法

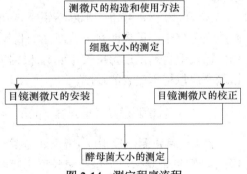

图 2-14 测定程序流程

目镜测微尺（图 2-15）是一块圆形玻片，在玻片中央把 5mm 长度刻成 50 等分，或把 10mm 长度刻成 100 等分。测量时，将其放在接目镜中的隔板上（此处正好与物镜放大的中间像重叠）来测量经显微镜放大后的细胞物像。由于不同目镜、物镜组合的放大倍数不相同，目镜测微尺每格实际表示的长度也不一样，因此目镜测微尺测量微生物大小时须先用置于镜台上的镜台测微尺校正，以求出在一定放大倍数下，目镜测微尺每小格所代表的相对长度。

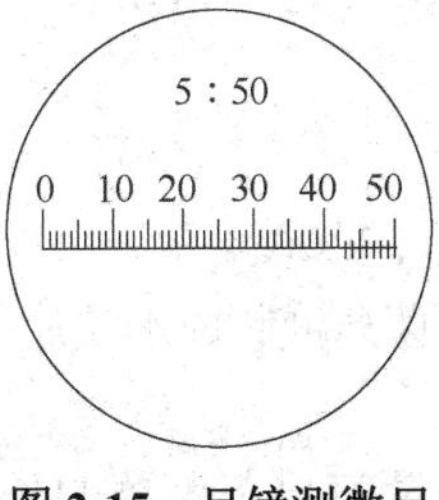

镜台测微尺（图 2-16）是中央部分刻有精确等分线的载玻片，一般将 1mm 等分为 100 格，每格长 10μm（即 0.01mm），是专门用

图 2-15 目镜测微尺

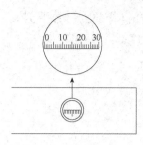

图 2-16 镜台测微尺

来校正目镜测微尺的。校正时,将镜台测微尺放在载物台上。

2. 细胞大小的测定

(1) 目镜测微尺的安装。把一侧目镜的上透镜旋开,将目镜测微尺轻轻放在目镜的隔板上,使有刻度的一面朝下。旋上目镜透镜,再将目镜插入镜筒内。

(2) 目镜测微尺的校正。

① 将镜台测微尺置于显微镜的载物台上,使有刻度的一面朝上,同观察标本一样,使具有刻度的小圆圈位于视野中央。

② 用低倍镜观察,对准焦距,待看清镜台测微尺的刻度后,转动目镜使目镜测微尺的刻度与镜台测微尺的刻度相平行,并使目镜测微尺和镜台测微尺的某一区间的两条刻度线完全重合;也可使两尺的左边第一条线完全重合,再向右寻找两尺的另外一条重合线(图 2-17)。

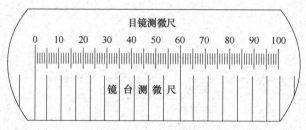

图 2-17 目镜测微尺和镜台测微尺校正时情况

③ 在 10 倍、40 倍、100 倍镜下,使目镜测微尺的目镜和镜台测微尺某一个区域内两线完全重合。记录两对重合线间的目镜测微尺所占的格数和镜台测微尺所占的格数。由于已知镜台测微尺每格长 10μm,根据下列公式即可分别计算出在不同放大倍数下,目镜测微尺每格所代表的长度。

$$目镜测微尺每格长度(\mu m) = \frac{两对重合线间镜台测微尺格数 \times 10}{两对重合线间目镜测微尺格数}$$

例如,目镜测微尺 10 小格正好与镜台测微尺 4 小格重叠,已知镜台测微尺每小格为 10μm,则目镜测微尺上每小格长度为 $= 4 \times 10 \mu m / 10 = 4 \mu m$。

注意:由于不同显微镜及附件的放大倍数不同,因此校正目镜测微尺必须针对特定的显微镜和附件(特定的物镜、目镜、镜筒长度)进行,而且只能在特定的情况下重复使用,若更换物镜或目镜的放大倍数时,必须重新校正目镜测微尺每一格所代表的长度。

(3) 酵母菌大小的测定。

① 在高倍镜下,校正目镜测微尺,并记录和计算目镜测微尺每格的长度。

② 将酵母菌斜面制成一定浓度的菌悬液(如 10^{-2} 等),取一滴酵母菌菌悬液制成水浸片。

③ 取下镜台测微尺,换上酵母菌水浸片。

④ 先在低倍镜下找到目标物,然后在高倍镜下用目镜测微尺来测量酵母菌菌体的长

度和宽度各占目镜测微尺几格（不足一格的部分估计到小数点后一位数），然后换算出菌体的实际长度（测出的格数乘上目镜测微尺每格的校正值即等于该菌的长和宽）。

一般测量菌体的大小要在同一标本上测定 5~10 个菌体（酵母菌的直径为 8~10μm），取其平均值，才能代表该菌的大小，而且一般是用对数生长期的菌体进行测定。

（4）维护。测量完毕，换上原有显微镜的目镜（或取出目镜测微尺，目镜放回镜筒），用擦镜纸将测微尺擦拭干净后放回盒内保存，并按照显微镜的使用和维护方法擦拭物镜。

四、结果与报告

（1）将目镜测微尺的标定结果填入表 2-10 中。

表 2-10　目镜测微尺的标定结果

物镜倍数（目镜均为 10 倍）	目镜测微尺的格数/小格	镜台测微尺的格数/小格	目镜测微尺的每格的长度/μm
4 倍			
10 倍			
40 倍			

（2）将酵母菌大小的测定（40 倍）结果填入表 2-11 中。

表 2-11　酵母菌大小测定结果（10×40）

项目	菌号					
	1	2	3	4	5	6
目镜测微尺的格数/小格						
酵母菌直径/μm						

五、注意事项

（1）目镜测微尺很轻、很薄，在取放时应特别注意防止使其跌落而损坏。

（2）观察时光线不宜过强，否则难以找到镜台测微尺的刻度；换高倍镜和油镜校正时，务必十分细心，防止接物镜压坏镜台测微尺和损坏镜头。

（3）放过微生物培养物的接种环在放回实验台前应记得再次在火焰上灼烧灭菌，以免造成实验台污染。

（4）镜台测微尺上的圆形盖玻片是用加拿大树胶封合的，当去除香柏油时不宜用过多的二甲苯，以免树胶溶解，使盖玻片脱落。

（5）为了提高测量的准确率，通常要测定 5 个以上的细胞的大小后再取其平均值。

思考与测试

（1）测微尺包括哪两个部件？它们各起什么作用？

(2) 为什么更换不同放大倍数的目镜和物镜时，必须用镜台测微尺重新对目镜测微尺进行校正？

(3) 在不改变目镜和物镜测微尺，而改变不同放大倍数的物镜来测定同一细菌的大小时，其测定结果是否相同？为什么？

 课程思政案例

微生物学奠基人巴斯德

任务六　微生物的显微计数

微生物的显微计数

> ☞ **知识目标**
> （1）掌握血细胞计数板计数的原理。
> （2）掌握血球计数板的构造。
> （3）掌握血球计数板的计数方法及结果记录。
> （4）掌握微生物的显微计数的关键步骤。
>
> ☞ **能力目标**
> （1）能使用血细胞计数板进行微生物计数。
> （2）能根据企业产品类型确定微生物显微计数的检验方案。
> （3）能按要求准确完成血球计数板的计数与记录。
> （4）能分析处理与判定检验结果、按要求格式编写微生物检验报告。

测定微生物细胞数量通常采用显微直接计数法（直接计数法）和平板计数法（间接计数法）两种。显微直接计数法是利用血球计数板在显微镜下直接计数，能立即得到数值，但死活细胞都计数在内。平板计数法是在平板上长成菌落后再计数，反应较真实，但费时太长。本任务是利用血球计数板进行直接计数。计数前需对样品做适当稀释，然后将经过适当稀释的菌悬液（或孢子悬液）放在血球计数板的计数室内，在显微镜下观察到的微生物数目代入计算公式运算后，即可得出单位体积微生物总数目。此法的优点是直观、快速。

一、设备和材料

设备和材料一览表如表 2-12 所示。

啤酒酵母计数操作视频

表 2-12 设备和材料一览表

序号	名称	作用
1	显微镜	观察，放大物像
2	血球计数板（25×16，16×25）	细胞的计数
3	载玻片	菌种的放置便于显微镜观察
4	盖玻片	观察菌种
5	酿酒酵母菌悬液	菌种
6	滴管	吸取菌悬液
7	吸水纸	吸去多余水分
8	蒸馏水	用于菌悬液配制
9	无菌毛细管	吸取样液
10	擦镜纸	镜头擦拭
11	接种环	挑取菌种
12	酒精灯	用于灭菌和接种

二、培养基和试剂

麦芽汁培养基、无菌生理盐水。

三、操作步骤

计数程序流程如图 2-18 所示。

1. 血球计数板的构造

通常使用的计菌器是血球计数板。血球计数板是一块特制的厚型载玻片。载玻片中有四条下凹的槽，构成三个平台（图 2-19）。中间的平台较宽，其中间又被一个短横槽隔为两半，每半上面刻有一个方格网。方格网上刻有 9 个大方格，其中只有中间的一个大方格为计数室，供微生物计

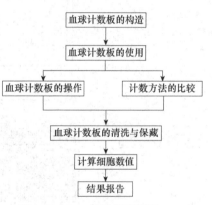

图 2-18 计数程序流程

数用（图 2-20）。计数室通常有两种规格：一种是一个大方格分成 16 个中方格，而每个中方格又分成 25 个小方格；另一种是一个大方格分成 25 个中方格，而每个中方格又分成 16 个小方格。但无论是哪种规格的计数板，每个大方格中的小方格数都是相同的，即 16×25＝400（小方格），每个大方格边长为 1mm，面积为 $1mm^2$，深度为 0.1mm（即盖上盖玻片后，计数区的高度为 0.1mm），所以其体积为 $0.1mm^3$ 在计数时，通常数 5 个中方格的总菌数，然后求得每个中方格的平均值，再乘上 16 或 25，就得出一个大方格中的总菌数，然后再换算成 1mL 菌液中的总菌数。下面以一个大方格有 25 个中方格的计数板为例进行计算：设 5 个中方格中总菌数为 A，菌液稀释倍数为 B，那么，一个大方格中的总菌数为 A×5。

因 $1mL=1cm^3=1\,000mm^3$,计数室的体积为 $0.1mm^3$,所以

1mL 菌液中的总菌数=A/5×25×10 000×B=50 000A×B(个)

同理,如果是 16 个中方格的计数板,则

1mL 菌液中的总菌数=A/5×16×10 000×B=32 000A×B(个)

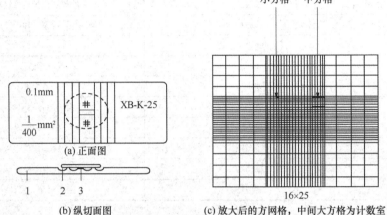

(a) 正面图
(b) 纵切面图
(c) 放大后的方网格,中间大方格为计数室

1. 血细胞计数板;2. 盖玻片;3. 计数室

图 2-19 血细胞计数板(16×25)构造

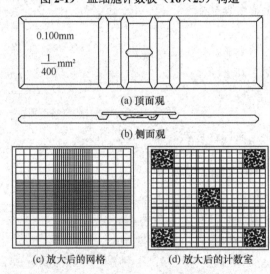

(a) 顶面观
(b) 侧面观
(c) 放大后的网格
(d) 放大后的计数室

图 2-20 血球计数板(25×16)构造

2. 血球计数板的使用

(1)稀释菌液。根据待测菌悬液的浓度,加无菌水适当稀释,目的是便于酵母菌悬液的计数,以每小方格内含有 4～5 个酵母菌细胞为宜,一般稀释 100 倍即可。

(2)准备计数板。取清洁干燥的血球计数板(使用前可通过显微镜检验计数板上有无污物,若有,则需清洗后才能进行计数),在中央的计数室上加盖专用的盖玻片。

(3)加样。将稀释后的酵母菌悬液摇匀,用滴管吸取一滴置于盖玻片的边缘(不宜

过多),让菌悬液沿缝隙靠毛细渗透作用缓缓渗入计数室,勿使气泡产生,并用吸水纸吸去沟槽中流出的多余菌悬液。也可以将菌悬液直接滴加在计数区上,不要使计数区两边平台沾有菌悬液,以免加盖盖玻片后,造成计数区深度的升高,然后加盖盖玻片(勿使气泡产生)。

(4)计数。静置片刻(一般 5~10min),使酵母菌全部沉降到血球计数室内,将血球计数板置于载物台上夹稳,先在低倍镜下找到计数室后,再换成高倍镜观察并计数,由于活细胞的折射率和水的折射率相近,观察时应减弱光照的强度。

计数时,如果使用 16×25 规格的计数板,要按对角线方位,数左上、右上、左下、右下 4 个中格(即各 100 个小格)的酵母菌数,如果规格为 25×16 的计数板,除了数其 4 个对角线方位外,还需再数中央的一个中格(即 80 个小格)的酵母菌数。如菌体位于大方格的双线上,计数时则数下方和左方线上的酵母细胞(或只计数上方和右方线上的酵母细胞),以减少误差。

对于出芽的酵母菌,芽体达到母细胞大小一半时,即可作为 2 个菌体。每个样品重复计数 3 次(每次数值不应相差过大,否则应重新操作),取其平均值,按下列公式计算每 1mL 菌液中所含的酵母菌个数。

① 16×25 计数板:

$$总菌数(mL) = \frac{100个小方格内菌数}{100} \times 400 \times 10\,000 \times 稀释倍数$$

$$= 每个小方格内菌数 \times 4 \times 10^6 \times 稀释倍数$$

② 25×16 计数板:

$$总菌数(mL) = \frac{80个小方格内菌数}{80} \times 400 \times 10\,000 \times 稀释倍数$$

$$= 每个小方格内菌数 \times 4 \times 10^6 \times 稀释倍数$$

(5)清洗。计数完毕,先用蒸馏水冲洗计数板,用吸水纸吸干,再用乙醇棉球轻轻擦拭后用水冲,最后用擦镜纸擦干。计数室上的盖玻片也做同样的清洗与擦干处理,最后放入计数板的盒中。

3. 血球计数板的清洗与保藏

(1)血球计数板使用后,取下盖玻片,用自来水冲洗,切勿用硬物洗刷或抹擦,以免损坏网格刻度,洗后晾干或用吹风机吹干,或用 95%乙醇、无水乙醇、丙酮等有机溶剂脱水使其干燥。

(2)计数板冲洗后,还要通过镜检,观察每小格内是否有残留菌体或其他沉淀物。若不干净,则必须重复洗涤至干净为止。干燥后方可放入盒内保存。

四、结果与报告

将结果记录于表 2-13 中。

表 2-13　血细胞计数板对酵母菌悬液计数结果

稀释倍数		所选各中格菌数/个					5个中格总数/个	5个格平均数/个	计数区总菌数/个	稀释液菌数/（个/mL）	原液总菌数/（个/mL）
		1	2	3	4	5					
10^2	视野一										
	视野二										

注：该表格是指稀释倍数为 100 的情况下，稀释倍数是根据悬浮液中酵母菌数量的多少确定，确保视野下酵母菌数量适量，便于观察。

五、注意事项

（1）从试管中吸出菌悬液进行计数之前，要将试管轻轻振荡几下，这样可使酵母菌分布均匀，防止酵母菌凝聚沉淀，提高计数的代表性和准确性，求得的菌悬液中的酵母菌数量误差小。

（2）如果一个小方格内酵母菌过多，难以数清，应当对菌悬液进行稀释以便于酵母菌的计数。具体方法是：摇匀试管，取 1mL 酵母菌培养液，加入成倍的无菌水稀释，稀释 n 倍后，再用血细胞计数板计数，所得数值乘以稀释倍数。以每个小方格内含有 4～5 个酵母菌细胞为宜。特别是在培养后期的样液需要稀释后计数。

（3）活酵母菌有芽殖现象，当芽体达到母细胞大小的一半时，即可作为 2 个菌体计数，若芽体小于母细胞大小的一半时按一个菌体计数。

（4）对于压在方格界线上的酵母菌应当计数同侧相邻两边上的菌体数，一般可按"数上线不数下线，数左线不数右线"的原则处理，另两边不计数。计数时，如果使用 16×25 规格的计数室，要按对角线位，取左上、右上、左下、右下 4 个中方格（即各 100 个小方格）的酵母菌数；如果使用 25×16 规格的计数板，除了取其 4 个对角方位外，还需再数中央的一个中方格（即 80 个小方格）的酵母菌数。

（5）计数一个样品，要从 2 个计数室中计得的平均数值来计算。对每个样品可计数 3 次，再取其平均值。计数时应不时调节焦距，才能观察到不同深度的菌体。按公式计算每 1mL（或 10mL）菌液中所含的酵母菌个数。

思考与测试

（1）为何用血细胞计数板可计得样品的总菌值？叙述其适用的范围。

（2）为什么计数室内不能有气泡？试分析产生气泡的可能原因。

（3）结合实验体会，总结哪些因素会造成血细胞计数板的计数误差，应如何避免？

（4）若检测 1 种干酵母粉中的活菌存活率，请设计 1～2 种可行的检测方法。

课程思政案例

无菌室内务管理

任务七　霉菌形态的观察

☞ **知识目标**
（1）学习并掌握观察霉菌形态的基本方法。
（2）了解四类常见霉菌的基本形态特征。
（3）认识霉菌菌落特征与个体形态。
（4）掌握区分细菌、酵母菌和放线菌菌落特征的方法。

☞ **能力目标**
（1）能查阅与解读《食品安全国家标准　食品微生物学检验　常见产毒霉菌的形态学鉴定》（GB 4789.16—2016）。
（2）能根据检验方案完成霉菌形态观察的描述。
（3）能分析处理与判定不同的霉菌，按格式要求撰写微生物检验报告。

　　霉菌的营养体是分枝的丝状体，称菌丝体，其菌丝平均宽度为3～10μm，分为基内菌丝和气生菌丝。生长到一定阶段时，气生菌丝中又可分化出繁殖菌丝。不同的霉菌其繁殖菌丝可以形成不同的孢子或子实体。

　　霉菌菌丝有无横隔膜，其营养菌丝有无假根、足细胞等特殊形态的分化，其繁殖菌丝形成的孢子着生的部位和排列情况，以及是否形成有性孢子等，是鉴别霉菌的主要依据，镜检时应仔细注意观察。

　　由于霉菌是真核微生物，其菌丝一般比放线菌粗长几倍至几十倍，并且菌丝生长比较松散，速度比放线菌快，因此，其菌落多呈大而疏松的绒毛状或棉絮状等特征。

　　可以采取直接制片和透明胶带法观察，也可以用载玻片培养观察法，通过无菌操作将薄层培养基琼脂置于载玻片上，接种后盖上盖玻片培养，使菌丝体在盖玻片和载玻片之间的培养基中生长，将培养物直接置于显微镜下可观察到霉菌自然生长状态，并可观察不同发育期的菌体结构特征变化。对霉菌可利用乳酸石炭酸棉蓝染液进行染色，盖上盖玻片后制成霉菌制片镜检。石炭酸可以杀死菌体及孢子并可以防腐，乳酸可以保持菌体不变形，棉蓝使菌体着色。同时，这种霉菌制片不易干燥，能防止孢子飞散，用树胶封固后可制成永久标本长期保存。

　　《食品安全国家标准　食品微生物学检验　常见产毒霉菌的形态学鉴定》（GB 4789.16—2016）常用于曲霉属、青霉属、镰刀菌属及其他菌属中常见产毒真菌的鉴定。

一、设备和材料

　　设备和材料一览表如表2-14所示。

表 2-14 设备和材料一览表

序号	名称	作用
1	冰箱（±1℃）	放置样品
2	恒温培养箱（±1℃）	培养测试样品
3	载玻片	菌种的放置便于显微镜观察
4	盖玻片	固定、观察菌种
5	显微镜（10～100倍）	观察，放大物像
6	生物安全柜	保护操作人员
7	恒温水浴箱（±℃）	调节培养基温度为恒温
8	接种钩	接种菌种
9	分离针	菌种分离挑取
10	不锈钢小刀或眼科手术小刀	挑取菌种

二、培养基和试剂

常见霉菌形态学鉴定用培养基如表 2-15 所示。

表 2-15 常见霉菌形态学鉴定用培养基

乳酸苯酚液	配方	苯酚（纯结晶）10g，乳酸 10g，甘油 20g，蒸馏水 10mL
	制法	将苯酚置于水浴中至结晶液化后加入乳酸、甘油和蒸馏水
察氏培养基	配方	$NaNO_3$ 3.0g, K_2HPO_4 1.0g, KCl 0.5g, $MgSO_4 \cdot 7H_2O$ 0.5g, $FeSO_4 \cdot 7H_2O$ 0.01g, 蔗糖 30g, 琼脂 15g, 蒸馏水 1 000mL
	制法	量取 600mL 蒸馏水分别加入蔗糖、$NaNO_3$、K_2HPO_4、KCl、$MgSO_4 \cdot 7H_2O$、$FeSO_4 \cdot 7H_2O$，依次逐一加入水中溶解后加入琼脂，加热熔化，补加蒸馏水至 1 000mL，分装后，121℃灭菌 15min
马铃薯-葡萄糖琼脂培养基	配方	马铃薯（去皮切块）200g，葡萄糖 20.0g，琼脂 20.0g，蒸馏水 1 000mL
	制法	将马铃薯去皮切块，加 1 000mL 蒸馏水，煮沸 10～20min。用纱布过滤，补加蒸馏水至 1 000mL。加入葡萄糖和琼脂，加热熔化，分装后，121℃灭菌 20min
麦芽汁琼脂培养基	配方	麦芽汁提取物 20g，蛋白胨 1g，葡萄糖 20g，琼脂 15g
	制法	称取蛋白胨、葡萄糖、琼脂，加入麦芽汁提取物，适量蒸馏水，加热熔化，补足至 1 000mL，分装后，121℃灭菌 20min
无糖马铃薯琼脂培养基	配方	马铃薯（去皮切块）200g，琼脂 20.0g，蒸馏水 1 000mL
	制法	将马铃薯去皮切块，加 1 000mL 蒸馏水，煮沸 10～20min。用纱布过滤，补加蒸馏水至 1 000mL，加入琼脂，加热熔化，分装后，121℃灭菌 20min

三、操作步骤

常见产毒霉菌的形态学鉴定程序如图 2-21 所示。

1. 菌落特征观察

为了培养完整的菌落以供观察记录，可将纯培养物点种于平板上。曲霉、青霉通常接种察氏培养基，镰刀菌通常需要同时接种多种培养基，其他真菌一般使用马铃薯-葡萄糖琼脂培养基。将平板倒转，向上接种一点或三点，每个菌株接种两个平板，正置于25℃±1℃恒温培养箱中进行培养。当刚长出小菌落时，取出一个平皿以无菌操作，用灭菌不锈钢小刀或眼科手术小刀将菌落连同培养基切下 1cm×2cm 的小块，置于菌落一侧，继续培养，于5~14d进行观察。此法代替小培养法，可观察子实体着生状态。

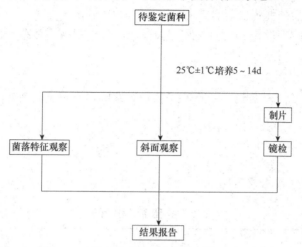

图 2-21 常见产毒霉菌的形态学鉴定程序

2. 斜面观察

将真菌纯培养物划线接种（曲霉、青霉）或点种（镰刀菌或其菌）于斜面，培养 5~14d，观察菌落形态，同时还可以直接将试管斜面置于低倍显微镜下观察孢子的形态和排列。

3. 直接制片观察

取载玻片加乳酸苯酚液一滴，用接种钩取一小块真菌培养物，置乳酸-苯酚液中，用2支分离针将培养物轻轻撕成小块，切忌涂抹，以免破坏真菌结构。然后加盖玻片，如有气泡，可在酒精灯上加热排除。制片时应在生物安全柜或无菌接种罩或接种箱或手套箱内操作以防孢子飞扬。

4. 透明胶带法

（1）滴一滴乳酸苯酚液于载玻片上。
（2）用食指和拇指捏住一段透明胶带的两端，使透明胶带呈U形，胶面朝下。
（3）将透明胶带面轻轻触及菌落表面。
（4）将粘在透明胶带上的菌体浸入载玻片上的乳酸苯酚液中，并将透明带两端固定在载玻片两端，用低倍镜和高倍镜镜检。

5. 镜检

观察真菌菌丝和孢子的形态、特征、孢子的排列等，并记录。

（1）曲霉：观察菌丝体有无横隔膜、足细胞，注意观察分生孢子梗、顶囊、小梗及分生孢子的着生状况及形状。

（2）青霉：观察菌丝体的分枝状况，有无隔膜。注意观察分生孢子梗及其分枝方式、梗基、小梗，分生孢子的形状及分生孢子穗、帚状分枝的层次状况。

（3）根霉：观察菌丝是否有横隔膜、假根、葡匐枝、孢子囊梗、孢子梗及孢囊孢子。注意观察孢囊破裂后的囊托及囊轴。

（4）毛霉：观察菌丝是否有横隔膜、菌丝的分枝情况及孢囊孢子。

四、结果与报告

根据菌落形态及镜检结果，参照上述各种真菌的形态描述，确定菌种名称，报告真菌菌种鉴定结果。

1. 菌落特征

将菌落形态特征填入表 2-16。

表 2-16　菌落形态特征

菌号	外观形态	颜色	透明度	湿润度	边缘	结合程度

2. 镜检结果

将镜检结果填入表 2-17。

表 2-17　镜检结果

菌号	菌丝形态	菌丝有无横隔	孢子的形态	孢子的排列

3. 形态描述

在表 2-18 中进行不同霉菌形态的描述。

五、注意事项

（1）在载玻片培养观察中，注意无菌操作，接种量要少并尽可能将分散孢子接种在琼脂块边缘，避免培养后菌丝过于密集不利于观察。

（2）加盖玻片时勿压入气泡，以免影响观察。

（3）标本制好后，先用低倍镜观察，再用高倍镜观察。

（4）观察时，应先用低倍镜沿着琼脂块的边缘寻找合适的生长区，然后再换高倍镜仔细观察有关构造并绘图。

表 2-18 不同霉菌形态的描述

菌种名称	描述

思考与测试

（1）黑曲霉和黑根霉在形态特征上有何区别？

（2）根霉和毛霉的区别在哪里？

（3）进行载玻片培养时，若盖玻片和载玻片之间的空隙压得过小或全无，将会出现怎样的结果，为什么？

课程思政案例

霉菌与食物安全

任务八 培养基的制备

☞ **知识目标**

（1）了解配制培养基的原理。

（2）掌握常用培养基的配制、分装和灭菌的操作方法。

（3）掌握培养基制备的程序与步骤。

（4）掌握高压蒸汽灭菌锅的使用方法。

培养基的制备

> ☞ **能力目标**
> （1）能查阅与解读《食品安全国家标准 食品微生物学检验培养基和试剂的质量要求》（GB 4789.28—2013），并能进行标准比对工作。
> （2）能根据企业产品类型确定培养基的类型。
> （3）能够熟练进行培养基的配制与灭菌。
> （4）能够正确、规范使用高压灭菌锅。
> （5）能正确填写培养基配制记录。

一、培养基的基本认知

培养基是人工配制的适合微生物生长繁殖或积累代谢产物的营养基质，用以培养、分离、鉴定、保存各种微生物或积累代谢产物。现在已经有用于微生物检测的各种制备好的培养基可供购买，但作为食品微生物检验工作者仍应掌握培养基的相关理论知识和配制技术，下面就此做一些简单介绍。

（一）培养基的成分与分类

1. 培养基的成分

1）水

水是微生物生存的基本条件，除休眠体（如芽孢和孢子等）外，微生物细胞的含水量一般为70%～90%，水是许多营养物质的溶剂，水与微生物细胞正常胶体状态的维持、养料的吸收、代谢废物的排泄及细胞内的全部代谢生理活动息息相关。因此水是微生物生命活动不可缺少的物质。一般情况下，配制培养基时可直接取用自来水。天然水中含有的微量杂质不仅对微生物无害而且作为营养物质被微生物吸收利用。但在测定微生物某些生理特性、合成产物数量及其他要求精确性高的实验时，则必须采用蒸馏水甚至重蒸馏水，以保证结果的准确。

2）碳源

碳源是组成微生物细胞的主要元素。从二氧化碳到各种有机碳化物均能不同程度地被微生物利用。不同种类的微生物所能利用的碳素养料的范围和最适种类是不同的。化能有机营养型微生物以有机碳化物作为必需的碳源和生命活动的能源。在微生物检验室条件下，制备培养基最常用的碳源为葡萄糖，可为许多微生物利用，其他糖类如蔗糖、麦芽糖、甘露醇、淀粉、纤维素，以及脂肪、有机酸、醇类、烃等都可作为培养不同微生物时选择使用的碳源。蛋白质、氨基酸既是氮素养料，同时也是碳素养料。米粉、玉米粉、麦麸和米糠等常用作微生物固体发酵的碳源。自养型的微生物以二氧化碳作为碳素营养在细胞内合成有机物质，故不需要向它们提供现成的有机碳化物作为碳素营养。

3）氮源

氮素是组成细胞蛋白质的主要成分，也是构成所有微生物细胞的基本物质。从氮、无机氮化物到复杂的有机含氮化合物均能不同程度地为微生物所利用。但不同种类微生物所能利用的氮源各异。绝大多数微生物都需要化合态氮作为氮素养料，因而常用于培养基的氮源，分无机氮和有机氮两类。无机氮有铵盐、硝酸盐等，大多数真菌利用铵盐及硝酸盐，许多细菌能利用铵盐。此外，麦芽汁、酵母膏等也是常用的有机氮源。一些含蛋白质较多的农副产品如豆饼粉、花生饼粉、棉籽饼等常可作为培养放线菌的氮源。鱼粉、蚕蛹等，也可作为培养某些微生物的氮素养料。

4）矿物质

微生物需要的矿物质养料可分为主要元素和微量元素两大类。主要元素包括磷、钾、钙、镁、硫、钠六种，它们分别参与细胞结构物质的组成、能量转移，物质代谢及调节细胞原生质的胶体状态和细胞渗透压等。培养基中添加这些矿物质一般采用含有这些元素的盐类即可，如磷酸氢二钾、硫酸镁、氯化钙、硫酸亚铁、氯化钠等。当用天然的植物性或动物性物质制备培养基时，往往不必加这些盐或只加一部分（如磷酸盐），因为它们本身已含有这些元素。微生物需要的微量元素主要有铁、硼、锰、铜、锌和钼等，它们多是辅酶和辅基的成分或酶的激活剂。微生物对微量元素的需要量很少。就多数微生物而言，一般在配制培养基时，不必加微量元素，因为在营养物质及自来水中所含有的微量元素已可满足微生物生长的需要。但在培养某些具有特殊生理需求的微生物时，仍然需要在培养基中另行加入某些微量元素。

5）生长因素或生长因子

生长因素或生长因子是一类需要量很少但却能促进微生物生长的有机化合物的统称。微生物生长所需的生长因素大部分是维生素。常见的种类主要是硫胺素、核黄素、烟酰胺、泛酸和叶酸等。它们是许多酶的组成部分，具有维持生物代谢的功能。在制备培养基时，除合成培养基应考虑加入某些特定维生素外，天然培养基中一般不必加入维生素，因为天然材料和制品如蛋白胨、酵母膏、牛肉膏、麦芽汁、豆饼粉、麸糠中都含有维生素，尤其是酵母膏、麦芽汁和肝浸汁，这些物质中含有丰富的维生素。在配制某些培养基时加入这些物质，目的在于为某些微生物提供所特需的维生素。

2. 培养基的分类

在检验室中配制的适合微生物生长繁殖或累积代谢产物的任何营养基质，都称作培养基。由于各类微生物对营养的要求不同，培养目的和检测需要也不同，因而培养基的种类很多，可根据以下方式划分不同的类型。

1）根据培养基组成物质的化学成分分类

（1）天然培养基。天然培养基是指利用各种动植物或微生物的原料，主要有牛肉膏、麦芽汁、蛋白胨、酵母膏、玉米粉、麸皮、各种饼粉、马铃薯、牛奶、血清等。用这些物质配成的培养基虽然不能知道准确的化学成分，但由于其营养比较丰富，微生物生长旺盛，而且来源广泛，配制方便，所以较为常用，尤其适合于配制检验室常用的培养基。但此类培养基的稳定性常受生产厂或批号等因素的影响。

（2）合成培养基。合成培养基是用已知化学成分的化学物质配制而成的。这类培养基化学成分精确、重复性强，但价格昂贵，而微生物又生长缓慢，不宜用于大规模生产，所以它只适用于做一些科学研究，如营养、代谢的研究。

（3）半合成培养基。在合成培养基中，加入某种或几种天然成分；或者在天然培养基中，加入一种或几种已知成分的化学物质即为半合成培养基，如马铃薯蔗糖培养基等。此类培养基在生产实践和检验室中使用最多，能使绝大多数微生物良好地生长。

2）根据培养基的物理状态分类

（1）液体培养基。所配制的培养基是液态的，其中的成分基本上溶于水，没有明显的固形物，液体培养基营养成分分布均匀，易于控制微生物的生长代谢。此类培养基常用于大规模工业化生产、观察微生物生长特征及研究生理生化特性。

（2）固体培养基。在液体培养基中加入适量的凝固剂即成固体培养基。常用作凝固剂的物质有琼脂（1.5%～2.0%）、明胶等，以琼脂最为常用。固体培养基广泛应用于微生物的分离、鉴定、检验杂菌、计数、保藏、生物鉴定及菌落特征的观察等。

（3）半固体培养基。如果把少量的凝固剂（0.5%～0.8%的琼脂）加入液体培养基中，就制成了半固体培养基。这种培养基常用于观察细菌的运动、鉴定菌种、噬菌体的效价滴定和保存菌种。

3）根据培养基的用途分类

（1）选择性培养基：在培养基中加入某种物质以杀死或抑制不需要的菌种生长的培养基，而对所需培养菌种无影响，称之为选择性培养基。例如，链霉素、氯霉素等抑制原核微生物的生长；而青霉菌素、灰黄霉素等能抑制真核微生物的生长；结晶紫能抑制革兰氏阳性菌的生长等。

（2）增殖培养基：在自然界中，不同种类的微生物常生活在一起，为了分离人们所需要的微生物，在普通培养基中加入一些有利于该种微生物生长繁殖所需要的营养物质，该种微生物则会旺盛地大量生长，如加入血、血清、动植物组织提取液以培养营养要求比较苛刻的异养微生物。增殖培养基主要用于菌种的保存或分离筛选。

（3）鉴别培养基：在培养基中加入某种试剂或化学药品，使难以区分的微生物培养后呈现出明显差别，因而有助于快速鉴别某种微生物。例如，用以检查饮水和乳品中是否含有肠道致病菌的伊红亚甲蓝培养基就是一种常用的鉴别培养基。

有些培养基具有选择和鉴别双重作用，如食品检验中常用的麦康凯培养基。它含有胆盐、乳糖和中性红。胆盐具有抑制肠道菌以外的细菌的作用（选择性），乳糖和中性红（指示剂）能帮助区别乳糖发酵肠道菌（如大肠埃希菌）和不能发酵乳糖的肠道致病菌（如沙门氏菌和志贺氏菌）。

（二）培养基配制中 pH 值的调节方法

培养基配好后，一般要调节至所需的 pH 值，常用盐酸及氢氧化钠溶液进行调节。调节培养基酸碱度最简单的方法是用精密 pH 值试纸进行测定。用玻璃棒沾少许培养基，点在试纸上进行对比，若 pH 值偏酸，则加 1mol/L 氢氧化钠溶液，偏碱则加 1mol/L 盐酸溶液。经过反复几次调节至所需的 pH 值。此法简便快速，但毕竟较为粗放，难于精确。要准确地调节培养基至所需的 pH 值，可用酸度计进行。

二、培养基的制备实操训练

（一）设备和材料

设备和材料一览表如表 2-19 所示。

表 2-19　设备和材料一览表

序号	名称	作用
1	试管	斜面培养基的制备
2	锥形瓶	液体培养基的盛装容器
3	烧杯	培养基试剂的混合
4	玻璃棒	用于搅拌
5	天平（感量为0.1g）	配制培养基
6	药匙	称量药品用具
7	高压蒸汽灭菌锅	培养基及器皿灭菌
8	棉花	瓶塞的制备
9	棉线	包扎
10	纱布	瓶塞的制备
11	培养皿	培养基的盛装
12	旧报纸	用于包扎后灭菌
13	剪刀	用于纱布和棉线的剪取

图 2-22　培养基的制备流程

（二）培养基和试剂

蒸馏水、蛋白胨、牛肉膏、氯化钠、葡萄糖、酵母膏、琼脂粉、1mol/L 氢氧化钠溶液、1mol/L 盐酸溶液。

常用玻璃器皿的包扎及灭菌

（三）操作步骤

培养基的制备流程如图 2-22 所示。

1. 玻璃器皿的清洗

在制备培养基的过程中，首先要使用一些玻璃器皿，如试管、锥形瓶、培养皿、烧杯和吸管等。这些器皿在使用前都要根据不同的情况，清洗干净。有的还要进行包扎，经过灭菌等准备就绪后，才能使用。

2. 称量

按配方计算实际用量后，称取各种药品放入烧杯中。牛肉膏常用玻璃棒挑取，放在小烧杯或表面皿中称量，用热水溶化后倒入烧杯；也可放在称量纸上称量，随后放入热水中，牛肉膏便与称量纸分离，立即取出纸片。蛋白胨极易吸潮，故称量时要迅速。

3. 溶解

在烧杯中加入少于所需要的水量，放置在电热套上，小火加热，并用玻璃棒搅拌，待药品完全溶解后再补充水分至所需量。若配制固体培养基，则将称好的琼脂放入已溶解的药品中，加热熔化，最后补足所失的水分。

4. 调 pH 值

检测培养基的 pH 值，若 pH 值偏酸，可滴加 1mol/L 氢氧化钠溶液，边加边搅拌，并随时用 pH 试纸检测，直至达到所需 pH 值。若偏碱，则用 1mol/L 盐酸溶液进行调节。pH 值的调节通常放在加琼脂之前。应注意 pH 值不要调过头，以免回调而影响培养基内各离子的浓度。

5. 过滤

液体培养基可用滤纸过滤，固体培养基可用 4 层纱布趁热过滤，以利于培养的观察。但是供一般使用的培养基，该步骤可省略。

6. 分装

按实验要求，可将配制的培养基分装入试管或锥形瓶内。分装时可用漏斗以免使培养基沾在管口或瓶口上而造成污染。

分装量：固体培养基约为试管高度的 1/5，灭菌后制成斜面。分装入锥形瓶内以不超过其容积的一半为宜。半固体培养基以试管高度的 1/3 为宜，灭菌后垂直待凝。

7. 加棉塞

试管口和锥形瓶口塞上用普通棉花（非脱脂棉）制作的棉塞。棉塞的形状、大小和松紧度要合适，四周紧贴管壁，不留缝隙，才能起到防止杂菌侵入和有利通气的作用。有些微生物需要更好的通气，则可用通气塞。有时也可用试管帽或塑料塞代替棉塞。

制作棉塞时，应选用大小、厚薄适中的普通棉花一块，铺展于左手拇指和食指扣成的团孔上，用右手食指将棉花从中央压入团孔中制成棉塞，然后直接压入试管或锥形瓶口［图 2-23（a）～（d）］。

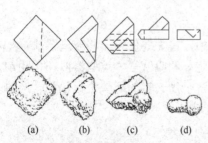

图 2-23 棉塞制作过程

此外，在微生物实验和科研中，往往要用到通气塞，即用几层纱布（一般 8 层）相互重叠而成，或是在两层纱布间均匀铺一层棉花而成。这种通气塞通常加在装有液体培养基的锥形瓶口上。经接种后，放在摇床上进行振荡培养，以获得良好的通气促使菌体的生长或发酵，通气塞的形状如图 2-24 所示。

(a) 配制时纱布塞法　(b) 灭菌时包牛皮纸　(c) 培养时纱布翻出

图 2-24　通气塞

8. 包扎

加塞后，将锥形瓶的棉塞外包一层牛皮纸或双层报纸，以防灭菌时冷凝水沾湿棉塞。若培养基分装于试管中，则应以 5 支或 7 支在一起，再于棉塞外包一层牛皮纸，用棉绳扎好。然后用记号笔注明培养基名称、组别、日期。

9. 灭菌

将上述培养基于 121℃，湿热灭菌 20min。如因特殊情况不能及时灭菌，应放入冰箱内暂存。

10. 倒平板摆斜面

灭菌后，倒平板或制斜面。将灭菌的试管培养基冷却至 55℃左右（以防斜面冷凝水太多），将试管口端搁在移液管或其他合适高度的器具上，搁置的斜面长度以不超过试管总长的 1/2 为宜（图 2-25）。

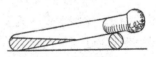

图 2-25　摆斜面

图 2-26　倒平板

培养基冷却至 55℃左右时，右手持装有培养基的锥形瓶，用左手将瓶塞取出，瓶口对着火焰。左手持培养皿将皿盖在火焰旁打开一缝，迅速倒入培养基约 15mL（图 2-26），加盖，轻轻晃动培养皿，使培养基均匀分布在培养皿底部，然后平置于桌面上，冷凝后即为平板。

11. 无菌检查

将灭菌的培养基放入 37℃恒温培养箱中培养 24~48h，无菌生长即可使用。

12. 培养基的保存

培养基在保证其成分不会改变的条件下保存，即避光、干燥保存，必要时在 5℃±3℃冰箱中保存，通常建议平板不超过 2~4 周，瓶装及试管装培养基不超过 3~6 月，除非某些标准或实验结果表明保质期比上述的更长。每批培养基均必须附有该批培养基制备记录副页或明显标签。

PCA 培养基的配制

（四）结果与报告

将培养基配制结果填入表 2-20 中。

表 2-20 培养基配制记录

需配制培养基名称：_____

培养基名称	来源批号	配制日期	配制方法	灭菌温度/℃	备注
			取干粉____g，加蒸馏水____mL 置于____mL 不锈钢杯中，煮沸溶解后，调节 pH 值，使灭菌后为____，同法配制____mL，分装瓶		
			取干粉____g，加蒸馏水____mL 置于____mL 不锈钢杯中，煮沸溶解后，调节 pH 值，使灭菌后为____，同法配制____mL，分装		

（五）注意事项

（1）称药品用的牛角匙不要混用，称完药品应及时盖紧瓶盖。

（2）培养基配制加热过程中，需不断搅拌，以防琼脂煳底或溢出。

（3）调 pH 值时要小心操作，尽量避免回调而带入过多的无机物质。

（4）配制半固体或固体培养基时，琼脂的用量应根据市售琼脂的品牌而定，否则培养基的软硬程度也会影响某些实验的结果。

（5）在配制培养基中应尽量利用廉价且易于获得的原料作为培养基的成分。

 思考与测试

（1）制备培养基的一般程序是什么？

（2）在制备培养基时要注意哪些问题？

（3）培养基配制完成后，为什么必须立即灭菌，若不能及时灭菌应如何处理，已灭菌的培养基如何进行无菌检查？

（4）常用于试管和锥形瓶口的塞子有哪几种？它们各自的适用范围与优缺点是什么？

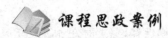 **课程思政案例**

培养基配制与工匠精神

任务九 消毒与灭菌技术

☞ **知识目标**
（1）熟悉消毒与灭菌的意义。
（2）掌握几种灭菌的原理和步骤。

☞ **能力目标**
（1）能查阅与解读《食品安全国家标准　食品微生物学检验　培养基和试剂的质量要求》（GB 4789.28—2013），并能进行标准比对工作。
（2）能根据企业产品类型确定消毒与灭菌的检验方案。
（3）能根据检验方案完成消毒灭菌工作。

消毒与灭菌技术

一、消毒与灭菌方法

在生活中，食物中污染的病原菌对人类的健康有着极大的威胁，因此人类必须对环境中的有害微生物施加影响，控制其生长繁殖，凡被病原微生物污染过的玻璃器皿，在洗涤前必须进行严格的消毒再行处理，培养过病原微生物的培养基也应彻底灭菌后再处理，保护好生态环境。一般可通过消毒、灭菌、防腐等手段达到杀灭、抑制有害微生物的目的。以下术语常用来表示物理或化学方法对微生物的杀灭程度。

（1）消毒：利用温和的物理或化学方法杀死一定范围内的病原微生物，达到无传染性的目的，对非病原微生物及芽孢并不要求全部杀死。

（2）灭菌：利用强烈的物理或化学方法，使存在于物体中的所有活的微生物永久地丧失活力，包括最耐热的芽孢和孢子，使之达到无菌的程度。

（3）防腐：利用某些理化因子，使物体内外的微生物暂时处于不生长、不繁殖，但又未死亡的状态。

消毒与灭菌的方法很多，一般可分为物理方法和化学方法两大类。表2-21为消毒与灭菌方法的区别与联系。

表2-21　消毒与灭菌方法的区别与联系

类别	方法	操作要点	应用范围	区别	联系
灭菌	灼烧灭菌法	酒精灯火焰灼烧	微生物接种工具如接种环、接种针或其他金属用具等，接种过程中试管口或锥形瓶口等灭菌	强烈的物理方法，杀死物品内外包括芽孢在内的所有微生物	1. 能借助理化性质、营造微生物难以生存的环境；2. 其作用实质都是通过使蛋白质变性来抑制微生物生命活动或杀死微生物
	干热灭菌法	160～170℃加热1～2h	不能用其他方法灭菌而又能耐高温的物品灭菌，如玻璃器皿（如滴管、培养皿等）、金属用具等		

续表

类别	方法	操作要点	应用范围	区别	联系
灭菌	高压蒸汽灭菌法	121℃维持15～30min	培养皿、吸量管、培养基等物品灭菌		
消毒	巴氏消毒法	70～80℃处理15～30min	牛奶、啤酒、果酒或酱油等不宜进行高热灭菌的食品消毒	用温和的物理、化学方法，杀死表面微生物的营养体或抑制微生物的繁殖	
	煮沸消毒法	100℃沸水煮5～6min	日常食品、罐装食品消毒		
	紫外线消毒法	30W紫外线灯照射30min	接种室、洁净室、饭堂等空间的空气消毒		
	化学药物消毒法	用体积分数为70%～75%的乙醇、过氧化氢溶液、2%～3%的来苏水等喷洒消毒	用于人手、塑料制品、食品机械或玻璃器皿等的消毒		

（一）物理消毒灭菌法

物理消毒灭菌法有加热法（分干热灭菌和湿热灭菌）、过滤除菌法和辐射等方法，可随不同需要选用。

1. 加热法

1）干热灭菌法

常用的干热灭菌法有火焰灼烧灭菌法和热空气灭菌法。

（1）火焰灼烧灭菌法，适用于检验室用的接种环、接种针和金属用具（如镊子、刀、剪子等），无菌操作时的试管口、瓶口和吸管，涂布用玻璃棒等耐燃烧物品，点燃乙醇燃烧1～2min，可达到灭菌的效果。

（2）热空气灭菌法。将待灭菌的物品放于干热灭菌箱内，利用高温干燥空气（160～170℃）加热灭菌1～2h即可达到灭菌目的，适用于玻璃器皿（如吸管）和培养皿等的灭菌。

2）湿热灭菌法

因为湿热灭菌中菌体吸水，蛋白质容易凝固，又因蛋白质含水量的增加，所需凝固温度的降低；水蒸气存在潜热，当蒸汽液化为水时可放出大量热量，故可迅速提高灭菌物品的温度，缩短灭菌时间。水蒸气具有很强的穿透力，能更有效地杀灭微生物，所以湿热灭菌比干热灭菌效果好。常用的湿热灭菌法有巴氏消毒法、煮沸消毒法、流通蒸汽消毒法、间歇灭菌法及高压蒸汽灭菌法、超高温灭菌法。

（1）巴氏消毒法。巴氏消毒法既可杀死液体中致病菌的营养体，又不破坏液体物质中原有的营养成分。牛奶或酒类常用此法消毒。具体方法有两种：一种方法是以61.1～62.8℃消毒30min；另一种方法是以71.7℃消毒15～30min，现多用后一种方法。

（2）煮沸消毒法。许多医用器械如手术刀、剪子、镊子、胶管、注射器等，可用消毒器或铝锅等进行煮沸消毒。一般微生物学检验室中煮沸消毒时间为10～15min，细菌的营养体煮沸5min即可被杀死，而芽孢则需煮沸1～2h才能被杀死，若在水中加入2%～5%石炭酸，则5～10min可杀死芽孢。加入1%碳酸钠，可提高其沸点促进芽孢的杀灭，同时还可以防止金属器材生锈。医用注射器和手术器械在有条件的地方，一般均采用高压蒸汽灭菌法或干热灭菌法灭菌。

（3）流通蒸汽消毒法。此方法是利用蒸笼或流通蒸汽消毒器进行消毒。蒸汽温度可达100℃，经20~30min，可杀死微生物的繁殖体，但不能杀死芽孢。本方法常用于食品、食具和一些不耐高热物品的消毒。

（4）间歇灭菌法。有少数培养基（如明胶培养基、牛奶培养基、含糖培养基、含血清的培养基等物质）不能加热至100℃以上，用干热灭菌和高压蒸汽灭菌均会受到破坏，为了消灭其中的芽孢，达到彻底灭菌的目的则必须用间歇灭菌法。此法是用阿诺氏流动蒸汽灭菌器进行灭菌。灭菌时，将培养基放在灭菌容器内，每天加热至100℃维持30min，每日进行一次，连续3d。每次灭菌后取出放在室温或加温箱内18~24h。经过3次杀菌后，培养基无菌长出，说明杀菌彻底。必要时加热温度可低于100℃，如用75℃，则延长每次加热的时间至30~60min或加热次数，也可达到同样的灭菌效果。

（5）高压蒸汽灭菌法。高压蒸汽灭菌法是最常用、最有效的灭菌法。此法是将物品放在高压蒸汽灭菌器（锅）内，通常在1.05kg/cm^2（表压强103.4kPa）的压强下，温度达到在121.3℃维持15~30min（时间的长短可根据灭菌物品种类和数量的不同而有所变化，以达到彻底灭菌为准）进行灭菌，以杀死所有的微生物。此法适用于耐高温高压又不怕潮湿的物品灭菌，如普通培养基、生理盐水、耐热药品、金属器材、玻璃制品等。由于高温高压可使含糖培养基的成分发生变化，所以在对含糖培养基灭菌时，采用较低温度（115℃，即0.075MPa），持续15min，可达到灭菌目的。

（6）超高温杀菌。超高温杀菌是指在135~150℃、2~8s的条件下对牛奶和其他液态食品（如果汁及果汁饮料、豆乳、茶、酒及矿泉水等）进行处理的一种工艺。其最大的优点是既能杀死产品中的微生物，又能很好地保持食品品质和营养价值。

2. 过滤除菌

许多材料如血清、酶或维生素的溶液和牛奶等用高温蒸汽灭菌方法，容易被高温破坏，一些化学成分在高温高压下会发生降解而降低效能或失去效能，因此，采用过滤除菌的方法。应用最广泛的过滤除菌器械有蔡氏过滤器和膜过滤器等。过滤除菌的优点是不破坏培养基成分，只使用少量滤液。缺点是需大量无菌空气及净化工作台。

微孔滤膜过滤器（图2-27）是由上下两个分别具有入口和出口连接装置的塑料盖盒组成，入口处连接针筒，出口处可连接针头，使用时将滤膜装入两塑料盖盒之间，旋紧盖盒。防细菌滤膜的网孔的直径为0.45μm以下，当溶液通过滤膜后，细菌的细胞和真菌的孢子等因大于滤膜直径而被阻，在需要过滤灭菌的液体量多时，常使用抽滤装置；液量少时，可用注射器。使用前对其高压灭菌，将滤膜装在注射器的靠针管处，将待过滤的液体装入注射器，推压注射器活塞杆，

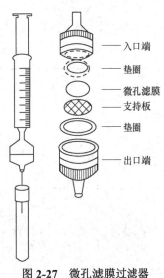

图2-27 微孔滤膜过滤器

溶液压出滤膜，从针管压出的溶液就是无菌溶液。

过滤除菌操作步骤：首先将过滤器、接液瓶用纸包好，滤膜可放在培养皿内用纸包好。使用前先经 121℃ 高压蒸汽灭菌 30min；在超净工作台上，将滤器装置装好，用灭菌无齿镊子将滤膜安放在隔板上，滤膜粗糙面向上；然后将待除菌的液体注入滤器内，开动真空泵即可过滤除菌。滤液经培养证明无菌生长后可保存备用。

3. 紫外线灭菌法

紫外线波长范围为 200～300nm，其中以 250～265nm 紫外线的杀菌力最强，此段波长易被细胞中核酸吸收。在波长一定的条件下，紫外线的杀菌效率与强度和时间的乘积成正比。紫外线杀菌机制主要是因为它诱导了胸腺嘧啶二聚体的形成，从而抑制了 DNA 的复制。

紫外线灭菌的缺点是穿透力不大，距照射物小于 1.2m 为宜。无菌室或无菌接种箱空气可用紫外线灯照射灭菌。这种照射灯有 90% 以上的紫外线波长为 253.7nm，是杀菌力最强的波长，还可产生臭氧和过氧化氢时，经照射 30min 后，一般即可成为无菌区域。紫外线对眼黏膜及视神经有损伤作用，故在消毒照射时，工作人员应戴护目镜，以防紫外线损害角膜而引起急性角膜炎。

此外，为了加强紫外线灭菌效果，在打开紫外线灯前可在无菌室内（或接种箱内）喷洒 3%～5% 石炭酸溶液，一方面使空气中附着微生物的尘埃降落，另一方面也可以杀死一部分细菌。无菌室内的家具可用 2%～3% 的来苏水擦洗，然后再开紫外线灯照射，即可增强杀菌效果，达到灭菌目的。

（二）化学消毒法

化学消毒法是应用能抑制或杀死微生物的化学药物进行消毒的方法。主要是应用化学制剂破坏细菌代谢机能，常用的化学消毒剂有 75% 乙醇、醋酸、石炭酸、2% 煤酚皂溶液（来苏水）、0.25% 新洁尔灭、1% 升汞、3%～5% 的甲醛溶液、福尔马林、高锰酸钾等。灭菌效果与化学药品的浓度高低、时间的长短、微生物的种类及微生物所处的环境有关。常用的消毒剂的种类、用途及杀菌机制见表 2-22。

表 2-22 常用消毒剂的种类、用途及杀菌机制

消毒剂名称	消毒水平	作用原理	使用范围	注意事项
乙醇	中效	使菌体蛋白凝固变性，但对肝炎病毒及芽孢无效	1. 以 75% 溶液作为消毒剂，多用于消毒皮肤； 2. 95% 溶液可用于燃烧灭菌	1. 易挥发需加盖保存并定期调整其浓度低于 70% 浓度则消毒作用差； 2. 因有刺激性不宜用于黏膜及创面的消毒
苯扎溴铵（新洁尔灭）	低效	阳离子表面活性剂，能吸附带负电荷的细菌，破坏细菌的细胞膜，最终导致菌体自溶死亡，又可使菌体蛋白变性而沉淀	1. 0.01%～0.05% 溶液用于黏膜消毒； 2. 0.1%～0.2% 溶液用于皮肤消毒； 3. 0.1%～0.2% 溶液用于消毒金属器械，浸泡 15～30min（加入 0.5% 亚硝酸钠以防锈）	1. 对肥皂、碘、高锰酸钾等阴离子表面活性剂有拮抗作用； 2. 有吸附作用，会降低药效，所以溶液内不可投入纱布和棉花等

续表

消毒剂名称	消毒水平	作用原理	使用范围	注意事项
苯扎溴铵酊（新洁尔灭）	中效	阳离子表面活性剂，能吸附带负电荷的细菌，破坏细菌的细胞膜，最终导致菌体自溶死亡，又可使菌体蛋白变性而沉淀	用于皮肤黏膜消毒	取苯扎溴铵（新洁尔灭）1g+曙红0.4g+95%乙醇700mL+蒸馏水至1 000mL
洗必泰	低效	具有广谱抑菌杀菌作用	1. 0.02%溶液用于手的消毒浸泡3min；2. 0.05%溶液用于创面消毒；3. 0.1%溶液用于物体表面的消毒	同苯扎溴铵（新洁尔灭）
过氧化氢（双氧水）	高效	过氧化氢能破坏蛋白质的基础分子结构，从而具有抑菌与杀菌作用	10%~25%溶液用于不耐热的塑料制品消毒	易氧化分解降低浓度，应存于阴凉处，不宜用金属器皿盛装

二、消毒与灭菌效果验证实操训练

（一）设备和材料

设备和材料一览表如表2-23所示。

表2-23 设备和材料一览表

序号	名称	作用
1	高压蒸汽灭菌锅	用于物品的灭菌
2	烘箱	用于玻璃器皿的灭菌
3	紫外线灯	用于表面的灭菌
4	膜过滤器	用于热敏性溶液灭菌
5	吸管	吸取样品
6	试管	斜面培养基
7	培养皿	倒平板
8	锥形瓶	培养基盛装

（二）培养基和试剂

牛肉膏蛋白胨培养基（牛肉膏3.0g，蛋白胨10.0g，氯化钠5.0g，琼脂15~20g，水1 000mL，pH值7.4~7.6）、0.85%生理盐水。

（三）操作步骤

1. 干热空气灭菌法

（1）装入待灭菌物品。将包好的待灭菌物品（培养皿、试管、吸管等）放入电烘箱内，物品不要摆得太挤，以免妨碍热空气流通。同时，灭菌也不要与电烘箱内壁的铁板接触，以防包装纸烤焦起火。

(2)升温。关好电烘箱门,插上电源插头,拨动开关,旋动恒温调节器至红灯亮,让温度逐渐上升。如果红灯熄灭、绿灯亮,表示箱内已停止加温,此时如果还未达到所需的 160~170℃,则需转动调节器使红灯再亮,如此反复调节,直至达到所需温度。

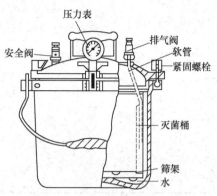

图 2-28 手提式高压蒸汽灭菌锅

(3)恒温。当温度升到 160~170℃时,借助恒温调节器的自动控制,保持此温度 2h。

(4)降温。切断电源,自然降温。

(5)开箱取物。待电烘箱内温度降到 50℃以下后,打开箱门,取出灭菌物品。注意电烘箱内温度未降到 50℃以前,切勿自行打开箱门,以免玻璃器皿炸裂和手被烫伤。

2. 高压蒸汽灭菌法

下面以检验室常用的手提式高压蒸汽灭菌锅(图 2-28)为例介绍其操作方法。

(1)灭菌锅加水。内层灭菌桶取出,再向外层锅内加入适量的水,使水面与三脚架相平为宜。加水不可过少,以防将灭菌锅烧干,引起炸裂。加水过多,有可能引起灭菌物积水。

(2)装入待灭菌物品。放回灭菌桶,并装入待灭菌物品,注意不要装得太多、太挤,以免妨碍蒸汽流通而影响灭菌效果。锥形瓶与试管口端均不要与桶壁接触,以免冷凝水淋湿包口的纸而渗入棉塞。

全自动高压蒸汽灭菌锅的使用操作

(3)加盖。将灭菌锅盖上的排气软管插入内层灭菌桶的排气槽内,盖上锅盖,再以两两对称的方式同时旋紧相对的两个螺栓,使螺栓松紧一致,切勿漏气。

(4)加热与排气。接通电源,并同时打开排气阀,使水沸腾并有大量蒸汽自排气阀冒出时,维持 2~3min 以排除锅内的冷空气。待冷空完全排尽后,关闭排气阀,让锅内的温度随蒸汽压力增加而逐渐上升。当锅内压力升到所需压力时,控制热源,维持压力至所需时间。

(5)降温。达到灭菌所需时间后,切断电源,让灭菌锅内温度自然下降,当压力表的压力降至"0"时,方可打开排气阀,旋松螺栓,打开灭菌锅盖,取出灭菌物品。

(6)灭菌完毕后,将灭菌锅内余水倒出,以保持内壁及内胆干燥,盖好锅盖。

将取出的灭菌培养基放入 37℃温箱保温 24h,经检查若无杂菌生长,即可待用。

(四)结果与报告

将灭菌效果填入表 2-24 中。

(五)注意事项

1. 干热消毒与灭菌法注意事项

(1)培养基、橡胶制品、塑料制品不能用此法灭菌。

表 2-24 灭菌效果监测单

灭菌设备类型					
设备容量		□大型（>60L） □小型（≤60L）			
灭菌参数		灭菌温度： ℃ 灭菌时间： min			
菌株载体		□自制标准生物测试包 □一次性标准生物测试包 □一次性纸塑袋 □裸露装放			
培养条件		培养温度： ℃ 培养时间： h			
监测日期	灭菌方法	实验组		阳性对照组		结果判定
		检测结果	生物指示剂标签粘贴处	检测结果	生物指示剂标签粘贴处	
灭菌操作者：		检验者：		签发人：		

（2）温度控制在 180℃ 以下。

（3）物品不能太挤。

（4）温度降至 50℃ 以下时才能开箱门。

2. 高压蒸汽灭菌法的注意事项

（1）使用手提式高压蒸汽灭菌锅前应检查锅体及锅盖上的部件是否完好，并严格按操作程序进行，避免发生各类意外事故。

（2）灭菌时，操作者切勿擅自离开岗位，尤其是升压和保压期间更要注意压力表指针的动态，避免压力过高或安全阀失灵等诱发危害事故。

（3）冷空气应彻底排除，才可关闭排气阀，继续升温杀菌，否则容易造成杀菌温度不够。

（4）压力降为"0"时方可开盖取物。如果压力未降到"0"时打开排气阀，就会因锅内压力突然下降，使容器内的培养基由于内外压力不平衡而冲出烧瓶口或试管口，造成棉塞沾染培养基而发生污染。

3. 紫外线灭菌法注意事项

由于紫外线对眼结膜及视神经有损伤作用,对皮肤有刺激作用,所以,不能直视紫外线灯光,更不能在紫外线灯光下工作。

思考与测试

（1）在使用高压蒸汽灭菌锅灭菌时,怎样杜绝一切不安全的因素？
（2）管口、瓶口为什么要用棉塞？能否用木塞或棉皮塞代替？为什么？
（3）干热灭菌完毕后,在什么情况下才能开箱取物？为什么？
（4）为什么干热灭菌比湿热灭菌所需要的温度高、时间长？
（5）一般用什么方法检查培养基灭菌是否彻底？
（6）灭菌完毕后,为什么要待压力降到"0"时才能打开排气阀开盖取物？

课程思政案例

灭菌与"欣弗"事件

任务十　微生物的分离与纯化

☞ **知识目标**
（1）掌握从土壤中分离、纯化微生物的原理与方法。
（2）熟悉不同微生物的培养特征。
（3）掌握微生物接种、移植和培养的基本知识,掌握无菌操作的要点。
（4）掌握斜面接种及穿刺接种等无菌操作的要点。
（5）掌握倒平板的技术和几种常用的分离纯化微生物基本操作的要点。

☞ **能力目标**
（1）能用稀释法分离细菌、放线菌和霉菌。
（2）能用平板划线法分离微生物。
（3）能设计分离目的菌的实验方案,并通过后续实验做出初步鉴定。
（4）能从样品中分离、纯化出所需菌株。

微生物的分离与纯化

自然界的土壤、水、空气或人及动、植物体中,不同种类的微生物绝大多数都是混杂生活在一起,当我们希望获得某一种微生物时,就必须把它从混杂的微生物类群中分离出来,以得到微生物的纯种,这种获得微生物纯种的方法称为微生物的分离与纯化。

为了获得某种微生物的纯种,一般是根据该微生物对营养、酸碱度、氧等条件要求的不同,而供给适宜它的培养条件,或加入某种抑制剂造成只利于此菌生长,而抑制其他菌生长的环境,从而淘汰其他一些不需要的微生物,再用稀释涂布平板法、稀释倾注平板法或平板划线法等分离、纯化该微生物,直至得到纯菌株。

为了从混杂的微生物群体中获得只含某一种或某一株微生物,必须采用特殊的微生物的分离方法,以获取纯种。纯种分离就是将样品进行一定的稀释,使每一个细胞能够单独分散存在,然后采用适当的方法,将某一个细胞挑选出来,这个细胞就成了纯种。菌种分离、纯化最常用的方法有三种,即稀释涂布平板法、稀释倾注平板法和平板划线法。

一、设备和材料

设备和材料一览表如表2-25所示。

表2-25 设备和材料一览表

序号	名称	作用
1	恒温培养箱（±1℃）	培养测试样品
2	高压灭菌锅	培养基或生理盐水等灭菌
3	冰箱（±1℃）	放置样品
4	恒温水浴箱（±1℃）	调节培养基温度为恒温46℃±1℃
5	天平（感量为0.1g）	配制培养基
6	均质器	将样品与稀释液混合均匀
7	振荡器	振摇试管或用手拍打混合均匀
8	1mL无菌吸管或微量移液器及吸头（0.01mL）	吸取无菌生理盐水或稀释样液
9	10mL无菌吸管（0.1mL）	吸取样液
10	250mL无菌锥形瓶	盛放无菌生理盐水

二、培养基和试剂

高氏1号琼脂培养基、牛肉膏蛋白胨琼脂培养基、察氏培养基（碳酸钠3g,磷酸氢二钾1g,硫酸镁0.5g,氯化钾0.5g,硫酸亚铁0.01g,蔗糖30g,琼脂20g,蒸馏水1 000mL,加热溶解后分装,121℃灭菌20min）、生理盐水。

三、操作步骤

菌种分离纯化流程如图2-29所示。

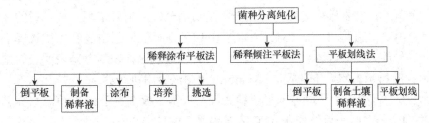

图2-29 菌种分离纯化流程

下面分别介绍上述三种微生物分离纯化的操作方法。

1. 稀释涂布平板法

稀释涂布平板法是先将样品进行稀释，通过无菌玻璃涂棒在固体培养基表面均匀涂布，使稀释液中的菌体定位。经培养，在固体培养基上即有分散的菌落出现。

（1）倒平板。将牛肉膏蛋白胨培养基、高氏 1 号琼脂培养基、察氏培养基熔化，待冷却至 55℃左右时，向高氏 1 号琼脂培养基中加入 10%苯酚数滴，向察氏培养基中加入链霉素溶液，使每毫升培养基中含有链霉素 30μg。然后分别倒平板，每种培养基倒三皿，其方法是右手持盛培养基的试管或锥形瓶，置火焰旁边，左手拿平皿并松动试管塞或瓶塞，用手掌边缘和小指、无名指夹住拔出，如果试管内或锥形瓶内的培养基一次可用完，则管塞或瓶塞不必夹在手指中。试管（瓶）口在火焰上灭菌，然后左手将培养皿在火焰附近打开一缝，迅速倒入培养基 15～20mL，加盖后轻轻晃动培养皿，使培养基均匀分布，平置于桌面上，待凝后即成平板。也可将平皿放在火焰附近的桌面上，用左手的食指和中指夹住管塞并打开培养皿，再注入培养基，摇匀后制成平板，如图 2-30 所示。最好是将平板室温放置 2～3d，或 37℃培养 24h，检查无菌落及皿盖无冷凝水后再使用。

图 2-30　倒平板

（2）制备土壤稀释液。称取土样 10g，放入盛 90mL 无菌水并带有玻璃珠的锥形瓶中，振摇约 20min，使土样与水充分混合，将菌分散。用一支 1mL 无菌吸管从中吸取 1mL 土壤悬液注入盛有 9mL 无菌水的试管中，吹吸 3 次，使充分混匀。然后再用一支 1mL 无菌吸管从此试管中吸取 1mL 注入另一盛有 9mL 无菌水的试管中，以此类推制成 10^{-1}、10^{-2}、10^{-3}、10^{-4}、10^{-5}、10^{-6} 各种稀释度的土壤溶液，如图 2-31 所示。

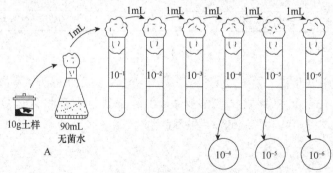

图 2-31　土壤梯度稀释操作过程

（3）涂布。将上述每种培养基的 3 个平板底面分别用记号笔写上选择后的 3 种合适稀释度，如 10^{-4}、10^{-5}、10^{-6}，然后用 3 支 1mL 无菌吸管分别由 3 管土壤稀释液中各吸取 0.1mL 对号放入已写好稀释度的平板中，用无菌玻璃涂棒在培养基表面轻轻地涂布均匀，如图 2-32 所示。室温下静置 5～10min，使菌液吸附进培养基。

（4）培养。将高氏 1 号培养基平板和察氏培养基平板倒置于 28℃恒温培养箱中培养 3～5d，牛肉膏蛋白胨平板倒置于 37℃恒温培养箱中培养 2～3d。

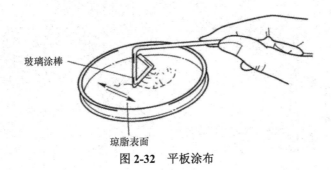

图 2-32 平板涂布

（5）挑选培养后长出的单个菌落分别挑取接种到上述 3 种培养基的斜面上，分别置于 28℃和 37℃恒温培养箱中培养，待菌苔长出后，检查菌苔是否单纯，也可用显微镜涂片染色检查是否是单一的微生物，若有其他杂菌混杂，就要再一次进行分离、纯化，直到获得纯种。

2. 稀释倾注平板法

稀释倾注平板法（稀释混合平板法）：将待分离的菌体材料制备成菌悬液，再做一系列的稀释（10^{-1}，10^{-2}，10^{-3}，…），各种稀释含菌液分别置于培养皿中，用倾注法制成平板后经一段时间的培养，在固体平板上即有分散的菌落出现。挑取单个菌落经移植培养后即可获得纯种。

稀释倾注平板法与稀释涂布平板法基本相同，无菌操作也一样，所不同的是先分别吸取 1mL 10^{-4}、10^{-5}、10^{-6} 稀释度的土壤悬液对号放入平皿，然后再倒入熔化后冷却到 45℃左右的培养基，边倒边摇匀，使样品中的微生物与培养基混合均匀，待冷凝成平板后，分别倒置于 28℃和 37℃恒温培养箱中培养后，再挑取单个菌落，直至获得纯培养。

3. 平板划线法

平板划线法又称分离培养法，它是细菌分离培养中使用最广泛的一种方法。在划线过程中，通过接种环在平板表面往返滑动，微生物细胞从接种环上转移到平板上，使单个细胞能分散在平板上，并通过生长繁殖形成单个菌落。由一个菌体细胞形成的菌落，可认为是纯的菌种，这是最常用的适用于分离细菌和酵母菌的方法。

（1）倒平板。将熔化的固体培养基冷却至 45℃左右时，在每一培养皿内注入 15~20mL 置于平整桌上待凝固后成平板即可划线。

（2）制备土壤稀释液。同稀释涂布平板法。最终制成 10^{-1}、10^{-2}、10^{-3} 等稀释度的土壤溶液。

（3）平板划线。在近火焰处，左手拿皿底，右手拿接种环在火焰上灭菌［图 2-33（a）~（c）］，挑取上述土壤悬液一环在平板上划线(图 2-34)。划线的方法很多，但无论哪种方法划线，其目的都是通过划线将样品在平板上进行稀释，使之形成单个菌落。常用的划线方法有两种：分段划线法和连续划线法。

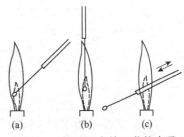

图 2-33 接种环火焰灭菌的步骤

 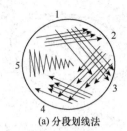 

(a) 分段划线法　　(b) 平板连续划线法

1～5 表示划线的顺序

图 2-34　平板划线操作

① 分段划线法。凡是含菌量多或含有不同细菌的培养物或标本，都可以使用这种方法[图2-34(a)]。操作时，用接种环以无菌操作挑取土壤悬液一环，先在平板培养基的一边做第一次平行划线3～4条，再转动培养皿约70°，并将接种环上残菌烧掉，待冷却后通过第一次划线部分做第二次平行划线，再同法通过第二次平行划线部分做第三次平行划线和通过第三次平行划线部分做第四次平行划线。这样分段划线，在每一段划线内的细菌数逐渐减少，便能得到单个菌落，划线完毕，盖好皿盖，倒置于37℃培养箱内培养。

② 平板连续划线法。凡是培养物或样本上的细菌数不太多时，便使用平板连续划线法[图2-34(b)]。用接种环先挑取土壤悬液一环，涂布于平板表面一角，然后在原处开始向左右两侧划线，逐渐向下移动，连续划成若干条分散而不是重叠的平行线。划线完毕，盖好皿盖，倒置于37℃培养箱内培养。

（4）挑选菌落同稀释涂布平板法，直至获得单一菌落。

四、结果与报告

将实验结果填入表2-26中。

表 2-26　菌落特征记录表

菌落特征	菌落名称			
	细菌	放线菌	霉菌	固氮菌
大小				
形态				
干湿				
高度				
透明度				
颜色				
边缘				

五、注意事项

（1）平板不能倒得太薄，最好在使用前一天倒好。为防止平板表面产生冷凝水，倒平板前培养基温度不能太高。

（2）用于平板划线的培养基，琼脂含量宜高些（2%左右），否则会因平板太软而被划破。

（3）用于划线的接种环，环柄宜长些（约10cm），环口应十分圆滑，划线时环口与平板间的夹角宜小些，动作要轻巧，以防划破平板。

（4）为了取得良好的划线效果，可事先用圆纸垫在空培养皿内划上4区，并用接种环练习划线动作，待通过模拟实验熟练操作和掌握划线要领后，再进行正式的平板划线。

（5）在倾注平板法中，注入的培养基不能太热，否则会烫死微生物；在混匀时，动作要轻巧，应多次上下、左右、顺时针或逆时针方向转动。

思考与测试

（1）用平板划线法进行纯种分离的原理是什么？有何优点？
（2）要防止平板被划破应采取哪些措施？
（3）为什么在划完一区后要将环上的残菌烧死？划后面几区时是否也要经过同样的处理？
（4）试比较倾注平板法和涂布平板法的优缺点和应用范围。

课程思政案例

病原菌与"伤寒玛丽"

任务十一　纯种移植与培养

☞ **知识目标**

（1）掌握接种的原理与方法。
（2）掌握微生物接种、移植和培养基本操作的要点、无菌操作的要点。
（3）掌握斜面接种、液体接种、穿刺接种的方法。
（4）掌握几类微生物的菌落形态特征，并能判断微生物的类型。

☞ **能力目标**

（1）能够用平板划线法分离微生物。
（2）能够利用分离纯化微生物的基本操作技术对微生物进行移植与培养。

纯种移植与培养

一、微生物的接种方法

将微生物的纯种或含菌材料（如水、食品、空气、土壤、排泄物等）转移到培养基上，这个过程称为微生物的接种。因微生物种类、实验目的、培养基的不同，需采用不同的微生物接种方法。常用的接种方法有以下 8 种。

1. 划线接种

这是最常用的接种方法，即在固体培养基表面做来回直线形移动，就可达到接种作用。常用的接种工具有接种环、接种针等。在斜面接种和平板划线中就常用此法。

2. 三点接种

在研究霉菌形态时常用此法。此法即把少量的微生物接种在平板表面上，成等边三角形的三点，让它们各自独立形成菌落后，来观察、研究它们的形态。除三点外，也有一点或多点进行接种的。

3. 穿刺接种

在保藏厌氧菌种或研究微生物的动力时常采用此法。做穿刺接种时，用的接种工具是接种针，用的培养基一般是半固体培养基，做法是：用接种针沾取少量的菌种，沿半固体培养基中心向管底做直线穿刺，如某细菌具有鞭毛而能运动，则在穿刺线周围能够生长。

4. 浇混接种

该法是将待接的微生物先放入培养皿中，然后再倒入冷却至 45℃ 左右的固体培养基，迅速轻轻摇匀，这样菌液就达到稀释的目的。待平板凝固之后，置于适宜温度条件下培养，即可长出单个的微生物菌落。

5. 涂布接种

涂布接种与浇混接种略有不同，就是先倒好平板，让其凝固，然后再将菌液倒入平板上面，迅速用涂布棒在表面做来回左右的涂布，让菌液均匀分布，就可长出单个的微生物菌落。

6. 液体接种

从固体培养基中将菌洗下，倒入液体培养基中，或者从液体培养物中，用移液管将菌液接至液体培养基中，或从液体培养物中将菌液移至固体培养基中，都可称为液体接种。

7. 注射接种

该法是用注射的方法将待接的微生物转接至活的生物体内，如人或其他动物中，常见的疫苗预防接种就是用注射接种接入人体来预防某些疾病。

8. 活体接种

活体接种是专门用于培养病毒或其他病原微生物的一种方法,因为病毒必须接种于活的生物体内才能生长繁殖。所用的活体可以是整个动物;也可以是某个离体活组织,如猴肾等;也可以是发育的鸡胚。接种的方式是注射,也可以是拌料喂养。

二、纯种移植与培养实操训练

(一)设备和材料

本方法适用于细菌、霉菌、酵母菌、放线菌等微生物的接种和培养。

设备和材料一览表如表2-27所示。

表2-27 设备和材料一览表

序号	名称	作用
1	超净工作台	无菌操作
2	吸管	吸取样品
3	试管	斜面培养基
4	培养皿	培养基盛装
5	接种环	挑取菌种
6	酒精灯	用于灭菌和接种
7	1mL 无菌吸管或微量移液器及吸头(0.01mL)	吸取无菌生理盐水或稀释样液
8	10mL 无菌吸管(0.1mL)	吸取样液
9	250mL 无菌锥形瓶	盛放无菌生理盐水
10	直径90mm 无菌培养皿	测试样品
11	恒温培养箱(±1℃)	培养测试样品
12	高压灭菌锅	培养基或生理盐水等灭菌
13	冰箱(±1℃)	放置样品
14	恒温水浴锅(±1℃)	调节培养基温度为恒温46℃±1℃

(二)培养基和试剂

高氏1号琼脂培养基、牛肉膏蛋白胨琼脂培养基、察氏培养基、生理盐水。

(三)操作步骤

常规接种方法分为斜面接种法、液体接种法、穿刺接种法。接种和分离工具如图2-35所示。

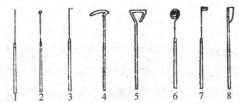

1. 接种针; 2. 接种环; 3. 接种钩; 4. 5. 玻璃涂棒; 6. 接种圈; 7. 接种锄; 8. 小解剖刀

图2-35 接种和分离工具

1. 斜面接种

(1) 在斜面试管上,用记号笔写上接种的菌名、日期和接种者。

(2) 操作人员消毒。操作前,先用75%乙醇擦手,待乙醇挥发后,才能点燃酒精灯。

(3) 手握斜面试管。用斜面接种时,将菌种试管和待接种的斜面试管用大拇指和食指、中指、无名指握在左手中,并将中指夹在两试管之间,使斜面向上,呈水平状态,如图2-36所示。在火焰边用右手先将2支试管的塞旋转一下,以便于接种时拔出。

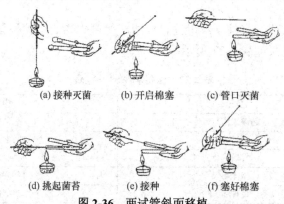

图 2-36　两试管斜面移植

(4) 接种环灭菌。右手拿接种环递过火焰烧灼灭菌,参照上述实验在火焰边用右手的手掌边缘和小指、小指和无名指分别夹持棉塞(或试管帽),将其取出,并把棉塞握住,不得任意放在台子上或与其他物品相接触,并迅速以火焰烧灼管口。

(5) 取菌种。将上述在火焰上灭过菌的接种环伸入菌种试管内,接种环先在试管内壁上或未长菌苔的培养基表面上接触一下,使接种环充分冷却,以免烫死菌种。然后用接种环在上轻轻地接触,刮出少许培养物,将接种环自菌种试管内抽出,抽出时,勿与管壁相碰,也勿使再通过火焰。

(6) 接种。迅速将沾有菌种的接种环伸入待接种的斜面试管,用环在斜面上自试管底部向上端轻轻地划线(波浪或直线),使菌体黏附在培养基上。划线时切勿用力,否则会划破培养基表面,也不要使环接触管壁或管口。

(7) 接种结束。接种结束,将接种环抽出斜面试管,再用火焰灼烧管口,并在火焰边将试管塞塞上。接种环放回原处前,要经火焰灼烧灭菌。如果接种环上沾的菌体较多时,应先将环在火焰边烤干,然后烧灼,以免未烧死的菌种飞出污染环境,接种病原菌时更要注意此点。

2. 液体接种

(1) 由斜面菌种接入液体培养基。向牛肉膏蛋白胨液体培养基中接种少量菌体时,其操作步骤基本与斜面接种时相同,但使试管口部略高一些,以免培养基流出。另一不同之处是挑取菌体的接种环放入液体培养基后,应在液体表面处的管内壁上轻轻摩擦,使菌体从环上脱落,混进液体培养基。接种好后,塞好试管塞,将试管在手掌中轻轻敲打，使菌体在液体中分布均匀，或用试管振荡器混匀。

向液体培养基中接种量大或要求定量接种时，可将无菌水或液体培养基注入菌种试管，用接种环将菌苔刮下，再将菌种悬液以无菌吸管定量吸出加入，或直接倒入液体培养基。

（2）由液体菌种接入液体培养基。如果菌种为液体培养物，则可用无菌吸管或滴管定量吸取加入或直接倒入液体培养基，如图2-37所示。整个接种过程都要求无菌操作。

图 2-37 用移液管吸取菌液

图 2-38 穿刺技术

3. 穿刺接种

穿刺接种用于厌气性细菌接种，或为鉴定细菌时观察生理性能用。

（1）操作方法与上相同，但使用的接种针要挺直。

（2）用接种针挑取菌种，将沾有菌种的接种针自培养基中心垂直刺入半固体培养基中，直到接近管底，但勿穿透，然后按原穿刺线慢慢拔出（图2-38）。

（四）结果与报告

培养后取出试管，观察划线接种效果、菌种生长情况，检查是否有杂菌生长，评价无菌操作的效果，将实验数据填入表2-28中。

表 2-28 斜面划线接种培养物特征

菌名	划线效果	菌苔特征	有无污染

（五）注意事项

（1）由培养瓶或试管培养物中取标本时，瓶、试管口在打开后及关闭前应于火焰上通过1～2次，以杀死可能从空气中落入培养物的杂菌，打开瓶塞或试管塞时，用手指夹住棉塞上端，不得将棉塞任意放置。

（2）接种时只需将环的前缘部位与菌苔接触后刮取少量菌体。划线接种时利用含菌环端部位的菌体与待接斜面培养基表面轻轻摩擦，并以流畅的线条将菌体均匀分布在划线线条上，切忌划破斜面培养基的表面或在其表面乱划。

思考与测试

（1）要使斜面接种线划得致密流畅且菌苔线条清晰可见，在接种时应注意哪几点？

（2）简述在微生物菌种移接过程中的无菌操作程序。

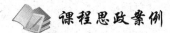**课程思政案例**

澳大利亚科学家马歇和沃伦与幽门螺旋杆菌

任务十二　微生物菌种保藏与复壮

微生物菌种保藏与复壮

☞ **知识目标**
（1）掌握菌种分离、鉴定基本操作的要点。
（2）掌握菌种的保藏与复壮操作的要点。
（3）掌握保藏微生物菌种的实验原理及其操作方法。

☞ **能力目标**
（1）能按照操作要求完成常用的菌种保藏的基本操作。
（2）能根据企业产品类型确定菌种保藏的方案。
（3）能按操作要求完成菌种的复壮。

　　保藏微生物菌种的目的不仅要保存菌株的生命本身，而且还必须要尽可能地使菌株的遗传性状保持不变，同时保证其在整个保存过程中不被其他微生物污染。因此，选择一种能够长期有效且稳定的保藏微生物菌种的方法至关重要。

　　由于微生物种类繁多，且保存方法的难易程度不同，所以微生物的菌种保藏方法亦有许多。但是不管有多少种菌种保藏方法，其原理却大同小异，即选用优良菌种，最好是它们的休眠体，如孢子、芽孢，然后根据其生理、生化特点，创造一个有利于其休眠体或代谢活动处于最低的环境条件，即低温、干燥、缺乏氧气和养料，以及添加保护剂等。使微生物的代谢活动处于最低的状态，但又不至于死亡，从而达到保藏的目的。依据不同的菌种或不同的需求，应该选用不同的保藏方法。一般情况下，斜面保藏、半固体穿刺、液状石蜡保藏法和沙土管保藏法较为常用，也比较容易制作。本任务为常见细菌、酵母菌和放线菌的保藏。

一、设备和材料

设备和材料一览表如表2-29所示。

二、培养基和试剂

营养琼脂斜面、半固体及液体培养基、10%盐酸、五氧化二磷、无菌液体石蜡、沙土、甘油、无菌水和灭菌脱脂牛奶。

表 2-29　设备和材料一览表

序号	名称	作用
1	小试管（10mm×100mm）	盛放样液
2	锥形瓶	培养基或生理盐水等灭菌
3	安瓿	支撑膜过滤漏斗
4	镊子	夹取物品
5	牛角勺	量取样品
6	冰箱（±1℃）	放置样品
7	筛子（40目，100目）	均匀样品
8	标签纸	填写名称
9	灭菌锅	灭菌
10	无菌吸管（1mL，5mL）	吸取样液
11	真空泵	抽取真空
12	接种环	挑取菌种
13	酒精灯	灭菌和接种
14	培养皿	测试样品
15	离心机	分离沉降
16	接种针	提取菌种
17	棉花	气密性保护

三、操作步骤

常规菌种保藏方法有斜面保藏法、半固体穿刺保藏法、液状石蜡保藏法、沙土管保藏法、滤纸保藏法和真空冷冻干燥保藏法。

1. 斜面保藏法

斜面保藏法是将菌种转接在适宜固体斜面培养基上，待其充分生长后，用牛皮纸将棉塞部分包扎好（棉塞换成胶塞效果更好），置于4℃冰箱中保藏。这种方法一般可保藏3~6个月。

保藏时间依微生物的种类而定。霉菌，放线菌及芽孢菌保存2~4个月移种一次，酵母菌间隔2个月，普通细菌1个月，假单胞菌2周传代一次。

此法为检验室和工厂菌种室常用的保藏法。优点是操作简单，使用方便，不需特殊设备，能随时检查所保藏的菌株是否死亡、变异与污染杂菌等。缺点是菌株容易变异，因为培养基的物理、化学特性不是严格恒定的，屡次传代会使微生物的代谢改变，而影响微生物的性状，污染杂菌的机会亦较多。操作步骤如下所述。

操作步骤：贴标签→接种→培养→保藏。

（1）贴标签。取无菌的营养琼脂斜面数支。在斜面的正上方距离试管口2~3cm处贴上标签。在标签纸上写明接种的细菌菌名、培养基名称和接种日期。

（2）接种。将待保藏的细菌用接种环以无菌操作在斜面上做划线接种。

（3）培养。置于37℃恒温箱中培养48h。

（4）保藏。斜面长好后，直接放入4℃的冰箱中保藏。

2. 半固体穿刺保藏法

按穿刺接种方式培养菌种，菌种长好后用胶塞封严，置于4℃冰箱存放。这种方法一般可保藏6个月至1年。操作步骤如下所述。

（1）贴标签。取无菌的半固体肉汤蛋白胨直立柱数支，贴上标签，注明细菌菌名、培养基名称和接种日期。

（2）穿刺接种。用接种针以无菌方式从待保藏的细菌斜面上挑取菌种，朝直立柱中央直刺至试管底部，然后又沿原线拉出。

（3）培养。置于37℃恒温箱中培养48h。

（4）保藏。半固体直立柱长好以后，放入4℃的冰箱中保藏。

3. 液状石蜡保藏法

将无菌石蜡加在已长好菌的斜面上，其用量以高出斜面顶端1cm为宜，使菌种与空气隔绝。将试管直立，置低温或室温下保存。此法实用而效果好。这种方法保藏期一般为1～2年。

霉菌、放线菌、芽孢细菌可保藏2年以上。此法的优点是制作简单，不需特殊设备，且不需经常移种，还可防止干燥，缺点是保存时必须直立放置，所占位置较大，同时也不便携带。从液状石蜡下面取培养物移种后，接种环在火上烧灼时，培养物容易与残留的液体石蜡一起飞溅，应特别注意。

此法适用于霉菌、酵母菌、放线菌及需氧细菌等的保存，并通过限制氧的供给而达到削弱微生物代谢作用的目的。同时也适用于不宜冷冻干燥的微生物（如产孢能力低的丝状菌）的保存，而某些细菌如固氮菌、乳酸杆菌、明串珠菌、分枝杆菌，红螺菌及沙门氏菌等和一些真菌如卷霉菌、小克银汉霉、毛霉、根霉等不宜采用此法进行保存。操作步骤如下所述。

（1）贴标签：同斜面保藏。

（2）处理液状石蜡。将液状石蜡分装于锥形瓶内，塞上棉塞，并用牛皮纸包扎，121℃灭菌30min，检查是否彻底无菌，即接入肉汤中检查有无杂菌生长。然后放在40℃温箱中，使水分蒸发掉，备用。

（3）接种。将需要保藏的菌种，用接种环以无菌操作在斜面上做划线接种。

（4）培养。同斜面保藏，使得到健壮的菌体或孢子。

（5）加液状石蜡。用灭菌吸管在无菌操作下将5mL液状石蜡注入已长好菌的斜面上，加入的量以超过斜面顶端1cm为宜，使菌种与空气隔绝。

（6）保藏。液状石蜡封存后，将试管直立，放入4℃冰箱中保存。也可直接放在低温干燥处保藏。

4. 沙土管保藏法

此法多用于产芽孢的细菌、产生孢子的霉菌和放线菌。在抗生素工业生产中应用广泛，效果较好，可保存几年时间，但对营养细胞效果不佳。操作步骤如下所述。

(1) 河沙处理。取河沙若干加入10%的稀盐酸，加热煮沸30min除去有机质。倒去盐酸溶液，用自来水冲洗至中性，最后一次用蒸馏水冲洗，烘干后用40目筛子过筛，弃去粗颗粒，备用。

(2) 土壤处理。取非耕层的不含腐殖质的瘦黄土或红土，加自来水浸泡洗涤数次，直至中性。烘干后碾碎，用100目筛子过筛，粗颗粒部分丢掉。

(3) 河沙分装灭菌。处理妥当的河沙与土壤按3∶1混合（或根据需要而用其他比例，其至可全部用沙或土）均匀后，装入10mm×100mm的小试管或安瓿中，每管分装1g左右，塞上棉塞，进行灭菌。

(4) 无菌检查。每10支沙土管随机抽1支，将沙土倒入肉汤培养基中，37℃培养48h，若发现有微生物生长，所有沙土管则需重新灭菌，再做无菌实验，直至证明无菌后方可使用。

(5) 制备菌悬液。取生长健壮的新鲜斜面菌种，取3mL无菌水至待保藏的菌种斜面中，用接种环轻轻将菌苔洗下，振荡制成菌悬液。

(6) 加样。每支沙土管（注明标记后）用1mL吸管吸取上述悬液0.5mL加入沙土管（一般以刚刚使沙土润湿为宜），再用接种针拌匀。

(7) 干燥。将装有菌悬液的沙土管放入干燥器内（干燥器底部盛有干燥剂）或同时用真空泵抽干水分，抽干时间越短越好，务必在12h内抽干。

(8) 查验接种管。每10支抽取一支，用接种环取出少数砂粒，接种于斜面培养基上，进行培养，观察生长情况和有无杂菌生长，如出现杂菌或菌落数很少或根本不长，则说明制作的沙土管有问题，则需进一步抽样检查。

(9) 保藏。若经检查没有问题，用火焰熔封管口（也可用橡皮塞或棉塞塞住试管口）。可直接放入4℃冰箱或室内干燥处保藏；也可以用石蜡封住棉塞后放冰箱或室温干燥处保藏。每隔一定的时间（一般半年）检查一次活力和杂菌情况。需要使用菌种时，应进行复活培养，取沙土少许移入液体培养基内，置恒温培养箱中培养。

5. 滤纸保藏法

细菌、酵母菌、丝状真菌均可用此法保藏，前两者可保藏2年左右，有些丝状真菌甚至可保藏14~17年。此法较液氮、冷冻干燥法简便，不需要特殊设备。操作步骤如下所述。

(1) 将滤纸剪成0.5cm×1.2cm的小条，装入0.6cm×8cm的安瓿中，每管1~2张，塞以棉塞，121℃灭菌30min。

(2) 将需要保存的菌种，在适宜的斜面培养基上培养，充分生长。

(3) 取灭菌脱脂牛奶(脱脂牛奶的处理：牛奶2 000r/min离心10min脱脂，然后115℃

灭菌20min，或间歇灭菌3次，经检查无菌后备用）1～2mL，滴加在灭菌培养皿或试管内，取数环菌苔在牛奶内混匀，制成浓悬液。

（4）用灭菌镊子自安瓿取滤纸条浸入菌悬液内，使其吸饱，再放回至安瓿中，塞上棉塞。

（5）将安瓿放入内有五氧化二磷作吸水剂的干燥器中，用真空泵抽气至干。

（6）将棉花塞入管内，用火熔封，保存于低温下。

（7）需要使用菌种。复活培养时，可将安瓿口在火焰上烧热，滴一滴冷水在烧热的部位，使玻璃破裂，再用镊子敲掉口端的玻璃，待安瓿开启后，取出滤纸，放入液体培养基内，置恒温培养箱中培养。

6. 真空冷冻干燥保藏法

真空冷冻干燥保藏法可克服简单保藏方法的不足。先将微生物在极低温度（-70℃左右）下快速冷冻，然后减压下利用升华现象除去水分（真空干燥），使微生物始终处于低温、干燥、缺氧的条件下，因而它是迄今为止最有效的菌种保藏法之一，对一般生命力强的微生物及其孢子及无芽孢菌都适用，即使对一些很难保存的致病菌，如脑膜炎球菌与淋病球菌等亦能保存。该方法适用于菌种长期保存，一般可保存数年至十余年，但设备和操作都比较复杂。操作步骤如下所述。

（1）准备安瓿。安瓿用于冷冻干燥菌种保藏的管宜采用中性玻璃制造，形状可用长颈球形底的，也称泪滴形管，大小要求外径为6～7.5mm、长105mm，球部直径为9～11mm，壁厚为0.6～1.2mm，也可用没有球部的管状管。安瓿先用2%盐酸浸泡，再水洗多次，烘干。将标签放入安瓿内，管口塞上棉花，121℃灭菌30min，备用。

（2）脱脂乳准备。制备脱脂乳用鲜乳经处理或使用脱脂乳粉配兑脱脂牛奶，灭菌，并做无菌实验后备用。

（3）准备菌种。用冷冻干燥法保藏的菌种，其保藏期可达数年至十余年，为了保障其品质不变，故所用菌种要特别注意其纯度，即不能有杂菌污染，然后在最适培养基中用最适温度培养，以培养出良好的培养物。细菌和酵母菌的菌龄要求超过对数生长期，若用对数生长期的菌种进行保藏，其存活率反而降低。一般，细菌要求24～48h的培养物；酵母菌需培养3d；形成孢子的微生物则宜保存；放线菌与丝状真菌则需培养7～10d。

（4）制备菌悬液。将脱脂牛奶2mL左右直接加到待保藏的菌种斜面试管中，用接种环将菌种刮下，轻轻搅乱使其均匀地悬浮在牛奶内成悬浮液。

（5）分装样品。用无菌长滴管将悬浮液分装入安瓿底部，每支安瓿的装量约为0.9mL（一般装入量为安瓿球部体积的1/3）。

（6）冷冻。将分装好的安瓿放在低温冰箱中冷冻，无低温冰箱可用冷冻剂，如干冰（固体二氧化碳）乙醇液或干冰丙酮液，温度可达-70℃。将安瓿插入冷冻剂，只需冷冻4～5min，即可使悬液结冰。

（7）真空干燥。为在真空干燥时使样品保持冻结状态，需准备冷冻槽，槽内放碎冰块与食盐，混合均匀，可冷至-15℃，安瓿放入冷冻槽中的干燥瓶内。开动真空泵抽气，一般若在 30min 内能达到 93.3Pa（0.7mmHg）真空度时，则干燥物不致熔化，以后再继续抽气，几小时内，肉眼观察到被干燥物已趋干燥，一般抽真空到 26.7Pa（0.2mmHg），保持压力 6~8h 即可。

（8）封管。抽真空干燥后，取出安瓿，接在封口用的玻璃管上，可用 L 形五通管继续抽气，约 10min 即可达到 26.7Pa（0.2mmHg）。于真空状态下，以煤气喷灯的细火焰在安瓿颈中央进行封口。封好后，要用高频火花器检查各安瓿的真空情况。如果管内呈现灰蓝色光，证明保持着真空。检查时高频电火花器应射向安瓿的上半部。

（9）存活性检测。抽取一管进行存活性检查。

（10）保藏。做好的安瓿应放置在低温（一般 4℃冰箱）避光处保藏。

（11）活化。如果要从中取出菌种恢复培养，可先用 75%乙醇将管的外壁消毒，然后将安瓿上部在火焰上烧热，再滴几滴无菌水，使管子破裂。再用接种针直接挑取松散的干燥样品，在斜面接种。

四、注意事项

（1）传代保存时，要注意培养基的浓度和保藏温度。传代保存时培养基的浓度不宜过高，营养成分不宜过于丰富，尤其是碳水化合物的浓度应在可能的范围内尽量降低。一般地，大多数菌种的保藏温度以 5℃为好。传代培养保存法虽然简便，但其缺点也很明显，如：①菌种管棉塞经常容易发霉；②菌株的遗传性状容易发生变异；③反复传代时，菌株的病原性、形成生理活性物质的能力及形成孢子的能力等均有降低；④需要定期转种，工作量大；⑤杂菌的污染机会较多。

（2）液状石蜡保藏法保藏的要求。液状石蜡保藏法保藏时，用新鲜培养物接种，应检查纯度和特征后，方可进行保藏。保藏过程中，需经常观察斜面是否干燥，如干燥，需重新移种。使用菌种时，先将菌种管倾斜使液状石蜡流至一边，再用接种针挑取培养物接种到新鲜斜面上培养，待长出新鲜培养物后，再移种一次到新斜面上即可使用。将沾有少量液状石蜡的接种针浸于 95%乙醇中片刻，再烧灼灭菌，以免直接在酒精灯下烧灼时，液状石蜡四溅，引起污染。

液状石蜡在菌种管中高出培养基的高度要严格控制，如太多，会影响菌种交换气体，使保藏效果不好；如太少，斜面容易干燥，将缩短保藏期。一般以高出斜面 1cm 为宜。制备无菌液状石蜡时，每管装量不能太多，否则分装到菌种培养基中易造成污染。

思考与测试

（1）简述真空冷冻干燥保藏菌种的原理。
（2）比较几种常用菌种保藏法的优缺点和适用范围。
（3）经常使用的细菌菌株，使用哪种保藏方法比较好？

课程思政案例

德国科学家豪森与人乳头瘤病毒

任务十三　微生物的生理生化反应

☞ **知识目标**

（1）掌握进行微生物大分子物质水解实验的原理和方法。

（2）了解糖发酵的原理和在肠道细菌测定中的重要作用。

（3）掌握通过糖发酵鉴别不同微生物的方法。

（4）了解吲哚和甲基红实验的原理及其在肠道细菌鉴定中的意义和方法。

☞ **能力目标**

（1）能查阅与解读《食品安全国家标准　食品微生物学检验　总则》（GB 4789.1—2016）。

（2）能根据企业产品类型确定项目的检验方案。

（3）能按要求准确完成微生物生理生化反应的检验与记录。

（4）能对阴性、阳性结果进行正确判断，按格式要求撰写微生物检验报告。

微生物的生理生化反应

一、常见微生物的生理生化反应

在所有微生物细胞中存在的全部生物化学反应称之为代谢。代谢过程主要是酶促反应过程，由于各种微生物具有不同的酶系统，所以它们能利用的底物不同，或虽利用相同的底物，但产生的代谢产物却不同，因此可以利用各种生理生化反应来鉴别不同的细菌，尤其是在肠杆菌科细菌的鉴定中，生理生化反应实验占有重要的地位。

1. 淀粉的水解

由于微生物对淀粉这种大分子物质不能直接利用，必须靠产生的胞外酶将大分子物质分解才能被微生物吸收利用。胞外酶主要为水解酶，通过加水裂解使大的物质为较小的化合物，被运输至细胞内。例如，淀粉酶水解淀粉为小分子的糊精、双糖和单糖；而淀粉遇碘液会呈蓝色，因此能分泌胞外淀粉酶的微生物，则能利用其周围的淀粉，在淀粉培养基上培养，用碘处理其菌落周围不呈蓝色而是无色透明圈，据此可分辨微生物能否产生淀粉酶。

2. 油脂的水解

在油脂培养基上接种细菌,培养一段时间后观察菌苔的颜色,若出现红色斑点,则说明此种菌可产生分解油脂的酶。

3. 糖发酵实验

糖发酵实验是常用的鉴别微生物的生化反应,在肠道细菌的鉴定上尤为重要。绝大多数细菌都能利用糖类作为碳源和能源,但是它们在分解糖类物质的能力上有很大的差异。有些细菌能分解某种糖产生有机酸(如乳酸、醋酸、丙酸等)和气体(如氢气、甲烷、二氧化碳等);有些细菌只产酸不产气。例如,大肠埃希菌能分解乳糖和葡萄糖产酸并产气,产酸后再加入溴甲酚指示剂后会使溶液呈黄色,且杜氏小管中会收集到一部分气体。若细菌不能使糖产酸产气,则最后溶液为指示剂的紫色,且杜氏小管中无气体。

4. IMVC 实验

IMVC 实验主要用于快速鉴别大肠埃希菌和产气肠杆菌。

(1)吲哚实验用来检测吲哚的产生。在蛋白胨培养基中,若细菌能产生色氨酸酶,则可将蛋白胨中的色氨酸分解为丙酮酸和吲哚,吲哚与对二甲基氨基苯甲醛反应生成玫瑰色的玫瑰吲哚。并非所有的微生物都具有分解色氨酸产生吲哚的能力,所以吲哚实验可以作为一个生物化学检测的指标。大肠埃希菌吲哚反应为阳性,产气肠杆菌为阴性。

(2)甲基红实验(MR)。某些细菌在糖代谢过程中分解葡萄糖生成丙酮酸,后者进而被分解产生甲酸、乙酸和乳酸等多种有机酸,培养基就会呈酸性,使加入培养基中的甲基红指示剂由橙黄色转变为红色,即甲基红反应为阳性。大肠埃希菌甲基红实验为阳性,产气肠杆菌甲基红实验为阴性。

二、微生物的生理生化反应实操训练

(一)设备和材料

设备和材料一览表如表 2-30 所示。

表 2-30 设备和材料一览表

序号	名称	作用
1	恒温培养箱(±1℃)	培养测试样品
2	高压灭菌锅	培养基或生理盐水等灭菌
3	超净工作台	工作台内操作的试剂等不受污染
4	接种环	挑取菌落
5	移液枪	吸取样液
6	滴管	移取样液
7	杜氏小管	糖发酵培养用

续表

序号	名称	作用
8	量筒（1mL）	量取样液
9	烧杯（5mL）	盛装样液
10	试管架	盛放无菌生理盐水
11	直径90mm无菌培养皿	测试样品
12	试管	盛装样品
13	接种针	挑取菌落
14	酒精灯	灭菌和接种

（二）菌种、培养基和试剂

1. 菌种

枯草芽孢杆菌、大肠埃希菌、金黄色葡萄球菌、铜绿假单胞菌、普通变形杆菌、产气肠杆菌。

2. 培养基

固体淀粉培养基、固体油脂培养基（大分子水解实验）；葡萄糖发酵培养基、乳糖发酵培养基（内装有倒置的杜氏小管）（糖发酵实验）；蛋白胨水培养基（吲哚试验）；葡萄糖蛋白胨水培养基。

3. 试剂

卢戈氏碘液、乙醚、吲哚试剂、甲基红试剂、蒸馏水。

（三）操作步骤

微生物生理生化反应流程如图2-39所示，适用于肠杆菌科细菌的鉴定。

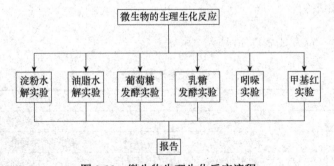

图2-39 微生物生理生化反应流程

1. 淀粉水解实验

（1）倒平板。按照淀粉培养基配方配制固体淀粉培养基，灭菌，待培养基冷却至50℃

左右,在酒精灯火焰旁倒平板,每组两个平板。

(2)用记号笔在平板底部划成四部分。

(3)接种。在无菌操作台上,将枯草芽孢杆菌、大肠埃希菌、金黄色葡萄球菌和铜绿假单胞菌分别在不同的部分点种,如图2-40所示,注意仅用接种针接触极少面积的培养基,在平板的反面对应部分贴上标签,标签上分别写上菌名,以免混淆。

(4)培养。将平板倒置,在37℃温箱中培养2d。

(5)观察。取出培养基,观察各种细菌的生长情况,打开平板盖子,滴入少量革兰氏碘液于平板中,轻轻旋转平板,使碘液均匀铺满整个平板,观察培养皿中菌落周围是否有无色透明圈,若有无色透明圈出现,说明淀粉已经被水解,为阳性,反之则为阴性。记录实验结果。

2. 油脂水解实验

(1)倒平板。按照油脂培养基配方配制固体油脂培养基,灭菌,待培养基冷却至50℃左右,充分振荡,使油脂均匀分布,在酒精灯火焰下倒平板,每组2个平板。

(2)用记号笔在平板底部划成四部分。

(3)接种。在无菌操作台上将枯草芽孢杆菌、大肠埃希菌、金黄色葡萄球菌和铜绿假单胞菌分别划十字线接种于平板相对应部分的中心,如图2-41所示,并贴好标签,标签上注明菌种的名称。

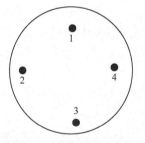 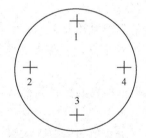

图2-40 淀粉水解试验接种   图2-41 油脂水解试验接种

(4)培养。将平板倒置,在37℃恒温培养箱中培养2d。

(5)观察。取出平板,观察菌苔颜色,如果出现红斑点,说明脂肪水解,为阳性反应。记录实验结果。

3. 葡萄糖发酵实验

(1)培养基的配制。按照糖发酵培养基配置葡萄糖发酵培养基,分装至试管中,用胶头滴管往杜氏小管中注满培养基,再把杜氏小管倒置放入试管中,注意不要让杜氏小管中进入空气,每组5支试管,灭菌。

(2)接种。待培养基冷却至常温时,在无菌操作台上,取葡萄糖发酵培养基试管2支接入大肠埃希菌,再取2支接入普通变形杆菌,接种后轻摇试管,使其均匀,防止倒置的小管进入气泡,第五支不接种,作为对照。在各试管外壁上贴上标签,标签上分别标明发酵培养基的名称和所接种的细菌菌名。

（3）培养。把接种后的试管放在试管架上，把试管连同试管架放入培养箱中于28℃下培养24h。

（4）观察。观察各试管颜色变化及杜氏小管中有无气泡，并记录实验结果。

4. 乳糖发酵实验

（1）培养基的配制。按照糖发酵培养基配制乳糖发酵培养基，分装至试管中，用胶头滴管往杜氏小管中注满培养基，再把杜氏小管倒置放入试管中，注意不要让杜氏小管中进入空气，每组5支试管，灭菌。

（2）接种。待培养基冷却至常温时，在无菌操作台上，取乳糖发酵培养基试管2支接入大肠埃希菌，再取2支接入普通变形杆菌，接种后轻摇试管，使其均匀，防止倒置的小管进入气泡第五支不接种，作为对照。在各试管外壁上贴上标签，标签上分别标明发酵培养基的名称和所接种的细菌菌名。

（3）培养。把接种后的试管放在试管架上，把试管连同试管架放入培养箱中于37℃下培养2d。

（4）观察。观察各试管颜色变化及杜氏小管中有无气泡，并记录实验结果。

5. 吲哚实验

（1）培养基的配制。按照蛋白胨水培养基配方配制培养基，分装至试管中，每组5支试管，在高压蒸汽锅内灭菌。

（2）接种。待培养基冷却后，在无菌操作台上将大肠埃希菌接入2支蛋白胨水培养基，产气肠杆菌接入2支蛋白胨水培养基，剩余1支试管不接种，作为空白对照，贴好标签。

（3）培养。把接种后的试管放在试管架上，把试管连同试管架放入培养箱中于37℃下培养24h。

（4）观察。往培养后的蛋白胨水培养基内加入3~4滴乙醚，摇动数次，静置1min，待乙醚上升后，沿试管壁徐徐加入2滴吲哚试剂。在乙醚和培养物之间产生红色环状物为阳性反应。观察加入试剂后试管内的颜色反应，并记录实验结果。

6. 甲基红实验

（1）培养基的配制。按照葡萄糖蛋白胨水培养基配方配制培养基，分装至试管中，每组5支试管，在高压蒸汽锅内灭菌。

（2）接种。待培养基冷却后，在无菌操作台上将大肠埃希菌接入2支葡萄糖蛋白胨水培养基，产气肠杆菌接入2支葡萄糖蛋白胨水培养基，剩余1支试管不接种，作为空白对照，贴好标签。

（3）培养。把接种后的试管放在试管架上，把试管连同试管架放入培养箱中于37℃下培养2d。

（4）观察。培养2d后，将每支葡萄糖蛋白胨水培养基培养物内加入2滴甲基红试剂，培养基呈红色者为阳性，呈黄色者为阴性。观察试管内的颜色变化，并记录实验结果。

(四)结果与报告

将实验结果填入表 2-31~表 2-36 中。

1. 淀粉水解实验

表 2-31 淀粉水解实验结果("＋"表示阳性,"－"表示阴性)

菌种	阴性/阳性	结论
大肠埃希菌		
枯草芽孢杆菌		
金黄色葡萄球菌		
铜绿假单胞菌		

2. 油脂水解实验

表 2-32 油脂水解实验结果("＋"表示阳性,"－"表示阴性)

菌种	阴性/阳性	结论
大肠埃希菌		
枯草芽孢杆菌		
金黄色葡萄球菌		
铜绿假单胞菌		

3. 葡萄糖发酵实验

表 2-33 葡萄糖发酵实验结果("＋"表示阳性,"－"表示阴性)

样品	大肠埃希菌		普通变形杆菌		空白
	试管 1	试管 2	试管 3	试管 4	试管 5
颜色变化					
是否产气					
阴性/阳性					
结论					

4. 乳糖发酵实验

表 2-34 乳糖发酵实验结果("＋"表示阳性,"－"表示阴性)

样品	大肠埃希菌		普通变形杆菌		空白
	试管 1	试管 2	试管 3	试管 4	试管 5
颜色变化					
是否产气					
阴性/阳性					
结论					

5. 吲哚实验

表 2-35 吲哚实验结果（"+"表示阳性，"-"表示阴性）

样品	大肠埃希菌		产气肠杆菌	
	试管1	试管2	试管3	试管4
是否产生红色环状物				
阴性/阳性				
结论				

6. 甲基红实验

表 2-36 甲基红实验结果（"+"表示阳性，"-"表示阴性）

样品	大肠埃希菌		产气肠杆菌	
	试管1	试管2	试管3	试管4
颜色变化				
阴性/阳性				
结论				

（五）注意事项

（1）淀粉水解实验中，观察各种细菌生长情况时，滴入少量革兰氏碘液于平板中，应轻轻旋转平板，使碘液均匀铺满整个平板。

（2）油脂水解实验中，制备固体油脂培养基时，应充分摇荡，使油脂均匀分布。

（3）接种前要用记号笔做好标记，接种时要对号接种，以免接错菌种，造成混乱。

（4）糖发酵实验中，接种后要轻缓摇动试管，使其均匀，防止倒置的小管进入气泡。否则会造成假象，得出错误的结果。

（5）吲哚实验中，注意加入 3~4 滴乙醚，摇动数次，静置 1min，待乙醚上升后，再沿试管壁徐徐加入 2 滴吲哚试剂。否则就会观察不到在乙醚和培养物之间产生的红色环状物。

（6）甲基红实验中，应该注意甲基红试剂不要加得太多，以免出现假阳性。

（7）在使用酒精灯时要特别注意，避免酒精灯爆炸。

（8）接种均在无菌条件下操作，接种完毕以后用灭菌好的棉花塞住管口以防止污染。

思考与测试

（1）如何解释淀粉酶是胞外酶而非胞内酶？

（2）不利用碘液，怎样证明淀粉水解的存在？

（3）假如某种微生物可以有氧代谢葡萄糖，发酵实验应该出现什么结果？

（4）在细菌培养中为什么用吲哚的存在作为色氨酸酶活性的指示剂，而不用丙酮酸？

（5）为什么大肠埃希菌甲基红反应是阳性？
（6）大肠埃希菌和产气肠杆菌分解葡萄糖所生成的产物有何不同？
（7）为什么做各项生理生化实验时要有空白对照？

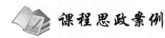 课程思政案例

中国古代巧用微生物的案例

项目三 食品微生物检验总则

> **案例分析**

食品微生物检验总则

某啤酒生产企业,每月的生产量约 8 000kL 成品啤酒液,约 80 批次成品,共约 1 600 万瓶(罐)啤酒,请根据风险评估,以最低检验频次为基础、有效把关为目的、促进质量改进为目标撰写该企业每月的检验计划。

任务一 食品微生物样品采样方案

☞ **知识目标**
(1)了解食品检验样品的类型。
(2)掌握食品检样样品采集的原则。
(3)掌握食品微生物检验的采样方案。
(4)熟悉不同状态食品的一般采集方法。

☞ **能力目标**
(1)能够区别样品的类型。
(2)能够按照采样方案进行取样。
(3)能够熟练完成不同状态食品的采样。

一、食品检验样品的类型

样品可分为大样、中样、小样三种。大样指一整批产品,如一个班组的产品或一日的产量。中样是从大样的各部分取的混合样,用于送检的样品,一般为200g。小样又称为检样,是从中样中取出直接用于检验的部分,一般以25g为准。

样品的规模和种类不同,采样的数量及采样的方法也不一样。以检验结果的准确性来说,检验室收到的样品是否具有代表性及其状态如何是关键问题。如果采样没有代表性或对样品的处理不当,得出的检验结果可能毫无意义。如果根据一小份样品的检验结果去说明大批食品的质量或一起食物中毒的性质,那么设计一种科学的取样方案及采取正确的样品处理方法是必不可少的条件。

二、食品检验样品采集的原则

1. 食品检验样品的采集应具有代表性

每批食品应随机采集一定数量的样品,在生产过程中,在不同时间内各采集少量样品予以混合。固体或半固体的食品应从表层、中层和底层、中间和四周等不同部位取样。

2. 样品采样必须符合无菌操作的要求

食品微生物学检验样品的采集必须严格按照无菌操作程序进行，防止一切外来污染，一件用具只能用于一个样品，防止交叉污染。

三、食品微生物检验的采样方案

采样方案主要取决于检验的目的。例如，用一般食品的微生物学检验去判定一批食品合格与否、查找食物中毒病原微生物、鉴定畜禽产品中是否含有人畜共患病原体。目的不同，采样方案也不同。

目前国内外使用的采样方案多种多样，如一批产品采集若干个样后混合在一起检验，可按百分比采样、按食品的危害程度不同采样、按数理统计方法决定采样个数等。不管采取何种方案，对采样代表性的要求是一致的。最好对整批产品的单位包装进行编号，实行随机采样。下面列举常见的几种采样方案。

1. ICMSF 采样方案

1）ICMSF 采样原则

国际食品微生物规范委员会（International Commission on Microbiological Specifications for Foods，ICMSF）提出的采样基本原则，是根据以下几个因素来设定采样方案并规定其不同采样数的。

（1）各种微生物本身对人的危害程度各有不同。ICMSF 采样方法是依据事先给食品进行的危害程度划分来确定，其将所有食品分成三种危害度：Ⅰ类危害是指老人和婴幼儿食品及在食用前可能会增加危害的食品；Ⅱ类危害是指可立即食用的食品，在食用前危害基本不变；Ⅲ类危害是指食用前经加热处理、危害减小的食品。

（2）食品经不同条件处理后，其危害度变化情况：降低危害度、危害度未变、增加危害度。目前，加拿大、以色列等很多国家已采用此法作为国家标准。

2）ICMSF 采样方法

ICMSF 是将微生物的危害度、食品的特性及处理条件三者综合在一起进行食品中微生物危害度分类的，这个设想是很科学的，符合实际情况的，对生产厂及消费者来说都是比较合理的。对一批产品，检查多少检样，才能够有代表性，才能客观地反映出该产品的质量，ICMSF 采样方法是从统计学原理来考虑并设定的。为了强调采样与检样之间的关系，ICMSF 已经阐述了把严格的采样计划与食品危害程度相联系的概念。另外，ICMSF 将检验指标对食品卫生的重要程度分成一般、中等和严重三档。根据以上危害度的分类，又将采样方案分成二级法和三级法。在中等或严重危害的情况下使用二级采样方案，对健康危害低的则建议使用三级采样方案，如表 3-1 所示。

ICMSF 方法中的二级法只设有 n、c 及 m 值，三级法则有 n、c、m 及 M 值。其中 n 代表一批产品采样个数；c 代表该批产品的检样菌数中，超过限量的检样数，即结果超过合格菌数限量的最大允许数；m 表示合格菌数限量，将可接受与不可接受的数量区别开；M 表示附加条件，判定为合格的菌数限量，表示边缘的可接受数与边缘的不可接受数之间的界限。

表 3-1　ICMSF 按微生物指标的重要性和食品危害度分类后确定的采样方案

采样方法	指标重要性	指标菌	食品危害度		
			Ⅲ（轻）	Ⅱ（中）	Ⅰ（重）
三级法	一般	菌落总数	$n=5$ $c=3$	$n=5$ $c=2$	$n=5$ $c=1$
		大肠菌群			
		大肠埃希菌			
		葡萄球菌			
	中等	金黄色葡萄球菌	$n=5$ $c=2$	$n=5$ $c=1$	$n=5$ $c=1$
		蜡样芽孢杆菌			
		产气荚膜菌			
二级法	中等	沙门氏菌	$n=5$ $c=0$	$n=10$ $c=0$	$n=20$ $c=0$
		副溶血性弧菌			
		致病性大肠埃希菌			
	严重	肉毒梭菌	$n=15$ $c=0$	$n=30$ $c=0$	$n=60$ $c=0$
		霍乱弧菌			
		伤寒沙门氏菌			
		副伤寒沙门氏菌			

二级法。设定采样数为 n，指标值为 m，超过指标值 m 的样品数为 c，只要 $c>0$，就判定整批产品不合格。以生食海鲜产品鱼为例，$n=5$，$c=0$，$m=100$，$n=5$ 即抽样 5 个，$c=0$ 即意味着在该批检样中未见到有超过 m 值的检样，此批货物为合格品。

三级法。设定采样数为 n，指标值为 m，附加指标值为 M，介于 m 与 M 之间的样品数为 c。大于 m 值的检样，即判断为不合格品；如果在 c 值范围内，即为附加条件合格，大于 M 值者，则为不合格。例如，冷冻生虾的细菌标准 $n=5$，$c=3$，$m=10$，$M=100$，其意义是从一批产品中采集 5 个检样，经检验结果，允许小于等于 3 个检样的菌数是在 m 和 M 值之间，如果有 3 个以上检样菌数是在 m 与 M 值之间或一个检样菌数大于 M 值者，则判定该批产品为不合格品。

2. 美国食品及药品管理局采样方案

美国食品及药品管理局（Food and Drug Administration，FDA）的采样方案与 ICMSF 的采样方案基本一致，所不同的是严重指标菌所取的 15、30、60 个样可以分别混合，混合的样品量最大不超过 375g，即所采集的样品每个为 100g，从中取出 25g，然后将 15 个 25g 混合成一个 375g 样品，混匀后再采集 25g 作为试样检验，剩余样品妥善保存备查。食品危害度为 Ⅰ、Ⅱ、Ⅲ 各类食品检验时的混合样品的最低数量分别是 4、2、1。

3. 联合国粮食及农业组织规定的采样方案

1979 年版联合国粮食及农业组织（Food and Agriculture Organization of the United Nations，FAO）食品与营养报告中的食品质量控制手册的微生物学分析中列举了各种食品的微生物限量标准，由于是按 ICMSF 的取样方案判定的，所以在此引用，见表 3-2。

表 3-2 各种食品的微生物限量标准（FAO）

食品	检样项目	采样数（n）	污染样品数（c）	检样菌数（m）	附加条件（M）
液蛋、冰蛋、干蛋	嗜中温性需氧菌	5	2	5×10^4	10^6
	大肠菌群	5	2	10	10^3
	沙门氏菌	10	0	0	
干奶	嗜中温性需氧菌	5	2	5×10^4	5×10^5
	大肠菌群	5	2	2	10^2
	沙门氏菌	10	0	0	
	葡萄球菌	5	1	10	10^2
冰激凌	嗜中温性需氧菌	5	2	2.5×10^4	2.5×10^5
	大肠菌群	5	2	10^2	10^3
	沙门氏菌	10	0	0	
	葡萄球菌	5	1	10	10^2
生肉及禽肉	嗜中温性需氧菌	5	3	10^6	10^7
	沙门氏菌	5	0	0	
冻鱼、冻虾、冻大红虾尾	嗜中温性需氧菌	5	3	10^6	10^7
	大肠菌群	5	3	4	4×10^2
	沙门氏菌	5	0	0	
	葡萄球菌	5	3	10^3	5×10^3
冷熏鱼、冷虾、对虾、大红虾尾、蟹肉	嗜中温性需氧菌	5	2	10^5	10^6
	大肠菌群	5	2	4	10^2
	沙门氏菌	5	0	0	
	葡萄球菌	5	2	5×10^5	5×10^5
	副溶血性弧菌	5	0	10^2	
生、冷蔬菜	大肠埃希菌	5	2	10	10^3
干菜	大肠埃希菌	5	2	2	10^2
干果	大肠埃希菌	5	2	2	10
婴幼儿食品、挂糖衣饼干	大肠菌群	5	2	2	20
	沙门氏菌	10	0	0	
干食品及速食食品	嗜中温性需氧菌	5	2	10^3	10^4
	大肠菌群	5	1	2	20
	沙门氏菌	10	0	0	

续表

食品	检样项目	采样数（n）	污染样品数（c）	检样菌数（m）	附加条件（M）
食前需加热的干食品	嗜中温性需氧菌	5	3	10^4	10^5
	大肠菌群	5	2	2	10^2
	沙门氏菌	5	0	0	
冷冻食品	嗜中温性需氧菌	5	2	10^5	10^5
	大肠菌群	5	2	10^2	10^4
	沙门氏菌	10	0	0	
	葡萄球菌	5	2	10	10^3
	大肠埃希菌	5	2	2	10^2
坚果	霉菌	5	2	10^2	10^4
	大肠菌群	5	2	10	10^3
	沙门氏菌	10	0	0	
谷类及产品	嗜中温需氧菌	5	3	10^4	10^5
	大肠埃希菌	5	2	2	10
	霉菌	5	2	10^2	10^4
调味料	嗜中温性需氧菌	5	2	10	10^3
	大肠菌群	5	2	10^4	10^6
	霉菌	5	2	10^2	10^4
	大肠埃希菌	5	2	10	10^3

4. 我国食品微生物学检验样品的采样方案

微生物检验的特点是以小份样品的检测结果来说明一大批食品的卫生质量，因此，用于分析样品的代表性至关重要，即样品的数量、大小和性质对结果判定会产生重大的影响。要保证样品的代表性首先要有一套科学的采样方案，其次使用正确的采样技术，并在样品的保存和运输过程中保持样品原有的状态。

一般来说，进出口贸易合同对食品采样量是具有明确规定的，按合同规定采样；进出口贸易合同没有具体采样规定的，可根据检验的目的、产品及被采样品的性质和分析方法的性质确定抽样方案。例如，用一般的食品微生物检验去判定一批食品合格与否；查找食物中毒病原微生物；鉴定畜禽产品中是否含有人畜共患病原体等，我国的食品采样方案见表3-3。

表3-3 我国的各种食品采样方案

检样种类	采样数量
进口粮油	粮：按三层五点采样法进行（表、中、下3层）；
	油：重点采取表层及底层油
	备注：每增加10 000t，增加1个混样

续表

检样种类	采样数量
肉及肉制品	生肉：取屠宰后两腿侧肌或背最长肌 100g/只； 脏器：根据检验目的而定； 光禽：每份样品 1 只； 熟肉：酱卤制品、肴肉及灌肠采样应不少于 200g； 熟禽：每份样品 1 只； 肉松：每份样品 200g； 香肚：每份样品 1 个
	备注：要在容器的不同部位采样
乳及乳制品	生乳：1 瓶； 奶酪：1 个； 消毒乳：1 瓶； 奶粉：1 袋或 1 瓶，大包装 200g； 奶油：1 包，大包装 200g； 酸奶：1 瓶或 1 罐； 炼乳：1 瓶或 1 听； 淡炼乳：1 罐
	备注：每批样品按千分之一采样，不足千件者抽一件
蛋品	全蛋粉：每件 200g； 巴氏消毒全蛋粉：每件 200g； 蛋黄粉：每件 200g； 蛋白粉：每件 200g
	备注：一日或一班生产为一批，检验沙门氏菌按 5%采样，但每批不少于 3 个检样。测菌落总数、大肠菌群、每批按装听过程前、中、后流动采样 3 次，每次采样 50g，每批合为一个样品
	冰全蛋：每件 200g； 冰蛋黄：每件 200g； 冰蛋白：每件 200g
	备注：在装听时流动采样，检验沙门氏菌，每 250kg 采样一件
	巴氏消毒全蛋：每件 200g
	备注：检验沙门氏菌，每 500kg 采样一件，测菌落总数、大肠菌群，每批按装听过程前、中、后流动采样 3 次，每次采样 50g
水产品	鱼：1 条； 虾：200g； 蟹：2 只； 贝壳类：按检验目的而定 鱼松：1 袋（备注：不足 200g 者加量）
罐头	可采用下列方法之一： 1. 按杀菌锅采样 （1）低酸性食品罐头杀菌冷却后采样 2 罐，3kg 以上大罐每锅采样 1 罐； （2）酸性食品罐头每锅采集 1 罐，一般一个班的产品组成一个检样批，各锅的样罐组成一个检验组，每批每个品种取样基数不少于 3 罐。

续表

检样种类	采样数量
罐头	2. 按生产班（批）次采样 （1）采样数为 1/6 000，尾数超过 2 000 者增采 1 罐，每班（批）每个品种不得少于 3 罐。 （2）某些产品班产量较大，则以 30 000 罐为基准，其采样数为 1/6 000，超过 30 000 罐以上的按 1/20 000；尾数超过 4 000 者增采 1 罐。 （3）个别产品量较小，同品种同规格可合并批次为一批采样，但并班总数不超过 5 000 罐，每个班次采样数不得少于 3 罐
	备注：产品如按锅堆放，在遇到由于杀菌操作不当引起问题时，也可以按锅处理
冰冻饮品	冰棍、雪糕：每批不得少于 3 件，每件不得少于 3 只； 冰激凌：原装 4 杯为 1 件，散装 200g； 食用冰块：500g 为 1 件
	备注：班产量 20 万只以下者，一班为一批；以上者以工作台为一批
软饮料	碳酸饮料及果汁饮料：原装 2 瓶为 1 件，散装 500mL； 散装饮料：500mL 为一件； 固体饮料：原装 1 袋
	备注：每批 3 件，每件 2 瓶
调味品	酱油、醋、酱等： 原装 1 瓶，散装 500mL； 味精：1 袋。袋装调味料：1 袋
冷食菜、豆制品	采取 200g
	备注：不足 200g 者加量
酒类	采取 2 瓶为 1 件，散装 500mL

四、食品微生物检验样品的一般采集方法

采样方法对采样方案的有效执行和保证样品的有效性及代表性至关重要。采样必须遵循无菌操作程序，在采集过程中，应防止食品中固有微生物的数量和生长能力发生变化。确定检验批次，要注意产品的均质性和来源，以确保检样的代表性。不同类型的食品应采用不同的工具和方法。

1. 液体食品

液体食品需充分混匀，用无菌操作开启包装，用 100mL 无菌注射器抽取，注入无菌盛样容器。

2. 固体食品

大块整体食品应用无菌刀具和镊子从不同部位割取，割取时应兼顾表面与深部，注意样品的代表性，小块大包装食品应从不同部位的小块上切取样品，放入无菌盛样容器。

3. 半固体食品

半固体食品用无菌操作拆开包装，用无菌勺子从几个部位挖取样品，放入无菌盛样容器。

4. 冷冻食品

大包装小块冷冻食品按小块个体采集，大块冷冻食品可以用无菌刀从不同部位削取样品或用无菌小手锯从冻块上锯取样品，也可以用无菌钻头钻取碎屑状样品，放入盛样容器。

5. 生产工序监测采样

（1）车间用水。自来水样从车间各水龙头上采集冷却水；汤料等从车间容器不同部位用 100mL 无菌注射器抽取。

（2）车间台面、用具及加工人员手的卫生监测。用 5cm^2 孔无菌采样板及 5 支无菌棉签擦拭 25cm^2。若所采表面干燥，则用无菌稀释液湿润棉签后擦拭，若表面有水，则用棉签擦拭，擦拭后立即将棉签头用无菌剪刀剪入盛样容器。

（3）车间空气采样。直接沉降法：将 5 个直径 90mm 的普通营养琼脂平板分别置于车间的四角和中部，打开皿盖 5min，然后盖上盖子送检。

思考与测试

（1）食品检验样品的采集应遵循哪些原则？
（2）简述 ICMSF 取样方案中的二级法和三级法。
（3）简述 2~3 种常见食品检样的采集与处理。

课程思政案例

抽样中的法律知识

任务二　食品微生物检验用样品的制备

☞ 知识目标
　　（1）掌握检验样品的处理方法。
　　（2）熟悉常见几种不同食品样品的采集与处理。

> ☞ 能力目标
> （1）能根据固体样品的性状采用不同的样品处理方法。
> （2）能熟练进行常见食品样品的采集及处理。

一、检验样品的处理

检验样品的处理应在无菌室内进行，若是冷冻样品必须事先在原容器中解冻，解冻温度为2～5℃，不超过18h，45℃不超过15min。

一般固体食品的样品处理方法有捣碎均质法、剪碎振摇法、研磨法、整粒振摇法和胃蠕动均质法等5种方法。

1. 捣碎均质法

捣碎均质法是将100g或100g以上样品剪碎混匀，从中取25g放入带225mL稀释液的无菌均质杯中8 000～10 000r/min均质1～2min，这是对大部分食品样品都适用的办法。

2. 剪碎振摇法

剪碎振摇法是将100g或100g以上样品剪碎混匀，从中取25g进一步剪碎，放入带有225mL稀释液和适量4～5mm玻璃珠的稀释瓶中，盖紧瓶盖，用力快速振摇50次，振幅不小于40cm。

3. 研磨法

研磨法是将100g或100g以上样品剪碎混匀，取25g放入无菌乳钵充分研磨后再放入带有225mL无菌稀释液的稀释瓶，盖紧盖后充分摇匀。

4. 整粒振摇法

整粒振摇法有完整自然保护膜的颗粒状样品（如蒜瓣、青豆等），可以直接称取25g整粒样品置于带有225mL无菌稀释液和适量玻璃珠的无菌稀释瓶中，盖紧瓶盖，用力快速振摇50次，振幅在40cm以上。冻蒜瓣样品若剪碎或均质，由于大蒜素的杀菌作用，所得的结果大大低于实际水平。

5. 胃蠕动均质法

胃蠕动均质法是国外使用的一种新型的均质样品的方法，其将一定量的样品和稀释液放入无菌均质袋中，开机均质。均质器有一个长方形金属盒，其旁安有金属叶板，可打击均质袋，做前后移动而撞碎样品。

二、常见各种类别的食品微生物检验样品的采集与制备

1. 肉与肉制品样品的采集与处理

健康畜禽的肉、血液及有关脏器组织，一般是无菌的。随着加工过程的顺序进行采样检验，前面工序的肉可检出的菌数少，越到后面的工序，如包装之前细菌污染情况越严重，1g肉可检出亿万个细菌，少者也有几万个细菌。

肉制品大多要经过浓盐或高温处理，肉上的微生物（包括病原微生物），凡不耐浓盐和高温的都会死亡，但形成的芽孢或孢子却不受高浓度盐或高温的影响而保存下来，如肉毒杆菌的芽孢体，可以在腊肉、火腿、香肠中存活。

1）样品的采集和送检

（1）生肉及脏器检样：屠宰场屠宰后的畜肉，可于开腔后，用无菌刀采集两腿内侧肌肉各50g（或劈半后采集两侧背最长肌肉各50g）；冷藏或销售的生肉，可用无菌刀取肥肉或其他部位的肌肉100g。检样采集后放入无菌容器内，立即送检；如条件不许可时，最好不超过3h。送检时应注意冷藏，不得加入任何防腐剂。检样送往化验室应立即检验或放置冰箱暂存。

（2）禽类（包括家禽和野禽）：采集整只，放无菌容器内，以下处理要求同生肉。

（3）各类熟肉制品：一般采集熟禽整只，均放无菌容器内，立即送检。

（4）腊肠、香肚等生灌肠：采集整根、整只；小型的可采集数根、数只，其总量不得少于250g。

2）检样的处理

（1）生肉及脏器检样的处理。将检样先进行表面消毒（在沸水内烫3~5s，或灼烧消毒），再用无菌剪子剪取检样深层肌肉25g，放入无菌乳钵内用灭菌剪子剪碎后，加灭菌海砂或玻璃砂研磨，研磨后加入灭菌水225mL，混匀后即为1∶10稀释液。

（2）鲜家禽检样的处理。将检样先进行表面消毒，用灭菌剪子或刀去皮后，剪取肌肉25g，以下处理同生肉。带毛野禽去毛后，同家禽检样处理。

（3）各类熟肉制品检样的处理。直接切取或称取25g，以下处理同生肉。

（4）腊肠、香肠等生灌肠检样处理。先对生灌肠表面进行消毒，用灭菌剪子剪取内容物25g，以下处理同生肉。

以上均以检验肉禽及其制品内的细菌含量来判断其质量鲜度为目的。若需检验样品受外界环境污染的程度或是否带有某种致病菌，应用棉拭采样法。

3）棉拭采样法和检样处理

检验肉禽及其制品受污染的程度，一般可用孔板$5cm^2$的金属制规板压在受检物上，将灭菌棉拭稍沾湿，在孔板$5cm^2$的范围内揩抹10次，总面积为$50cm^2$，共用10个棉拭。每个棉拭在揩抹完毕后立即剪断或烧断后投入盛有50mL灭菌水的锥形瓶或大试管中，立即送检。检验时先充分振摇锥形瓶、管中的液体，作为原液，再按要求做10倍递增稀释。检验致病菌，不必用规板，在可疑部位用棉拭揩抹即可。

2. 乳与乳制品样品的采集与处理

1）样品的采集和送检

（1）散装或大型包装的乳品。用灭菌刀、勺取样，在移采另一件样品前，刀、勺应先清洗灭菌。采样时要注意采样部位具有代表性。每件样品数量不少于200g，放入灭菌容器内及时送检。鲜乳一般不应超过3h，在气温较高或路途较远的情况下应进行冷藏，不得使用任何防腐剂。

（2）小型包装的乳品。应采取整件包装，采样时应注意包装的完整性。各种小型包装的乳与乳制品，每件样品量为：牛奶1瓶或1包；消毒奶1瓶或1包；奶粉一瓶或1包（大包装者200g）；奶油1块；酸乳1瓶或1罐；炼乳1瓶或1罐；奶酪（干酪）1个。

（3）成批产品。对成批产品进行质量鉴定时，其采样数量每批以0.1%计算，不足千件者采集1件。

2）检样的处理

（1）鲜奶、酸奶。以无菌操作去掉瓶口的纸罩纸盖，瓶口经火焰消毒后以无菌操作吸取25mL检样，放入装有225mL灭菌生理盐水的锥形瓶内，振摇均匀（酸乳如有水分析出于表层，应先去除）。

（2）炼乳。将瓶或罐先用温水洗净表面，再用点燃的酒精棉球消毒瓶或罐的上表面，然后用灭菌的开罐器打开罐（瓶），以无菌操作称取25g（mL）检样，放入装有225mL灭菌生理盐水的锥形瓶内，振摇均匀。

（3）奶油。以无菌操作打开包装，取适量检样置于灭菌锥形瓶内，在45℃水浴或温箱中加温，溶解后立即将烧瓶取出，用灭菌吸管吸取25mL奶油放入另一含225mL灭菌生理盐水或灭菌奶油稀释液的烧瓶内（瓶装稀释液应置于45℃水浴中保温，做10倍递增稀释时所用的稀释液相同），振摇均匀，从检样溶化到接种完毕的时间不应超过30min。

（4）奶粉。罐装奶粉的开罐采样同炼乳处理，袋装奶粉应用75%酒精棉球涂擦消毒袋口，以无菌操作开封取样，称取检样25g，放入装有适量玻璃珠的灭菌锥形瓶内，将225mL温热的灭菌生理盐水徐徐加入（先用少量生理盐水将奶粉调成糊状，再全部加入，以免奶粉结块），振摇使之充分溶解和混匀。

（5）奶酪。先用灭菌刀削去表面部分封蜡，用点燃的酒精棉球消毒表面，然后用灭菌刀切开奶酪，以无菌操作切取表层和深层检样各少许，置于灭菌乳钵内切碎，加入少量生理盐水研成糊状。

3. 蛋与蛋制品样品的采集与处理

1）样品的采集和送检

（1）鲜蛋。用流水冲洗外壳，再用75%酒精棉球涂擦消毒后放入灭菌袋内，加封做好标记后送检。

（2）全蛋粉、巴氏消毒全蛋粉、蛋黄粉、蛋白片。将包装铁箱上开口处用75%酒精棉球消毒，然后将盖开启，用灭菌的金属制双层旋转式套管采样器斜角插入箱底，使套管旋转采集检样，再将采样器提出箱外，用灭菌小匙自上、中、下部采集检样，装入灭菌广口瓶中,每个检样质量不少于100g,标明后送检。

(3)冰全蛋、巴氏消毒冰全蛋、冰蛋黄、冰蛋白。先将铁听开口处用75%酒精棉球消毒,然后将盖开启,用灭菌电钻由顶到底斜角钻入,徐徐钻取检样,然后抽出电钻,从中取出200g检样装入灭菌广口瓶中,标明后送检。

(4)对成批产品进行质量鉴定时的采样数量。全蛋粉、巴氏消毒全蛋粉、蛋黄粉、蛋白片等产品以一日或一班生产量为一批,检验沙门氏菌时,按每批总量5%采样(即每100箱中抽检5箱,每箱一个检样),最少不得少于3个检样;测定菌落总数和大肠菌群时,每批按装听过程前、中、后取样3次,每次采样50g,每批合为一个检样。

冰全蛋、巴氏消毒冰全蛋、冰蛋黄、冰蛋白等产品按每500kg采样一件。菌落总数测定和大肠菌群测定时,在每批装听过程前、中、后采样3次,每次采样50g,每批合为一个检样。

2)检样的处理

(1)鲜蛋外壳。用灭菌生理盐水浸湿的棉拭充分擦拭蛋壳,然后将棉拭直接放入培养基内增菌培养,也可将整只鲜蛋放入灭菌小烧杯或平皿中,按检样要求加入定量灭菌生理盐水或液体培养基,用灭菌棉拭将蛋壳表面充分擦洗后,以擦洗液作为检样检验。

(2)鲜蛋蛋液。将鲜蛋在流水下洗净,待干后再用75%酒精棉球消毒蛋壳,然后根据检验要求,开蛋壳取出蛋白、蛋黄或全蛋液,放入带有玻璃珠的灭菌瓶内充分摇匀待检。

(3)巴氏消毒全蛋粉、蛋白片、蛋黄粉。将检样25g放入带有玻璃珠的灭菌瓶内,加入225mL灭菌生理盐水充分摇匀待检。

(4)冰全蛋、巴氏消毒冰全蛋、冰蛋白、冰蛋黄。将装有冰蛋检样的瓶子浸泡于流动冷水中,待检样融化后取出,放入带有玻璃珠的灭菌瓶内充分摇匀待检。

(5)各种蛋制品沙门氏菌增菌培养。以无菌操作称取检样,接种于亚硒酸盐煌绿或煌绿肉汤等增菌培养基(此培养基预先置于盛有适量玻璃珠的灭菌瓶内),盖紧瓶盖,充分摇匀,然后放入36℃±1℃恒温培养箱培养20h±2h。

(6)接种以上各种蛋与蛋制品数量及培养基的数量和浓度。凡用亚硒酸盐煌绿进行增菌培养时,各种蛋与蛋制品的检样接种数量都为30g,培养基数量都为150mL。凡用煌绿乳糖胆盐肉汤(brilliantgreenlactosebile,BGLB)进行增菌培养时,检样接种数量、培养基数量和浓度见表3-4。

表3-4 蛋品检样煌绿乳糖胆盐肉汤增菌培养

检样种类	检样接种数量/g	培养基数量/mL	煌绿浓度/(g/mL)
全蛋粉	6(加24mL灭菌水)	120	1/6 000~1/4 000
蛋黄粉	6(加24mL灭菌水)	120	1/6 000~1/4 000
蛋白片	6(加24mL灭菌水)	120	1/1 000 000
冰全蛋	30	150	1/6 000~1/4 000
冰蛋黄	30	150	1/6 000~1/4 000
冰蛋白	30	150	1/60 000~1/50 000

注:煌绿应在临用时加入肉汤中,煌绿浓度以检样和肉汤的总量来计算。

4. 水产食品样品的采集与处理

1）样品的采集和送检

现场采集水产食品样品时，应按检验目的和水产品的种类确定采样量。除个别大型鱼类和海兽只能割取其局部作为样品外，一般都采完整的个体，待检验时再按要求在一定部位采集检样。以判断质量鲜度为目的时，鱼类和体型较大的贝甲类虽然应以个体为一件样品，单独采集，但若需对一批水产品做质量判断时，应采集多个个体做多件检样以反映全面质量；鱼糜制品（如灌肠、鱼丸等）和熟制品采集 250g，放入灭菌容器内。

水产食品含水量较多，体内酶的活力旺盛，容易发生变质。采样后应在 3h 以内送检，在送检过程中一般加冰保藏。

2）检样的处理

（1）鱼类。采集检样的部位为背肌。用流水将鱼体体表冲净、去鳞，再用 75%酒精棉球擦净鱼背，待干后用灭菌刀在鱼背部沿脊椎切开 5cm，沿垂直于脊椎的方向切开两端，使两块背肌分别向两侧翻开，用无菌剪子剪取 25g 鱼肉，放入灭菌乳钵内，用灭菌剪子剪碎，加灭菌海砂或玻璃砂研磨（有条件情况下可用均质器），检样磨碎后加入 25mL 灭菌生理盐水，混匀成稀释液。

鱼糜制品和熟制品应放在乳钵内进一步捣碎后，再加入生理盐水混匀成稀释液。

（2）虾类。采集检样的部位为腔节内的肌肉。将虾体在流水下冲净，摘去头胸节，用灭菌剪子剪除腹节与头胸节连接处的肌肉，然后挤出腔节内的肌肉，称取 25g 放入灭菌乳钵内，以后操作同鱼类检样处理。

（3）蟹类。采集检样的部位为胸部肌肉。将蟹体在流水下冲净，剥去壳盖和腹脐，去除鳃条，再置流水下冲净。用 75%酒精棉球擦拭前后外壁，置灭菌搪瓷盘上待干。然后用无菌剪子剪开，成左右两片，用双手将一片蟹体的胸部肌肉挤出（用手指从足根一端向剪开的一端挤压），称取 25g 置灭菌乳钵内。之后操作同鱼类检样处理。

（4）贝壳类。采样部位为贝壳内容物。用流水刷洗贝壳，刷净后放在铺有灭菌毛巾的清洁搪瓷盘或工作台上，采样者将双手洗净，用 75%酒精棉球涂擦消毒，再用无菌小刀从贝壳的在张口处隙缝中缓缓切入，撬开壳盖，再用灭菌镊子取出整个内容物，称取 25g 灭菌乳钵内，之后操作同鱼类检样处理。

以上检样处理的方法和检验部位均以检验水产食品肌肉内细菌含量从而判断鲜度质量为目的。检验水产食品是否污染某种致病菌时，检验部位应为胃肠消化道和鳃等呼吸器官；鱼类检取肠管和鳃；虾类检取头胸节内的内脏和腹节外沿处的肠管；蟹类检取胃和鳃条；贝类中的螺类检取腹足肌肉以下部分；贝类中的双壳类检取覆盖在斧足肌肉外层的内脏和瓣鳃等。

5. 清凉饮料样品的采集与处理

1）样品的采集和送检

（1）瓶装汽水、果味水、果子露、鲜果汁水、酸梅汤可乐型饮料等应采集原瓶、袋和盒装样品；散装者应用无菌操作采取 500mL，放入灭菌磨口瓶中。

（2）冰激凌、冰棍。取原包装样品；散装者用无菌操作采取，放入灭菌磨口瓶中，再放入冷藏或隔热容器中。

（3）食用冰块。取冷冻冰块放入灭菌容器内。

所有的样品采集后，应立即送检，最多不得超过 3h。

2）检样的处理

（1）瓶装饮料。用点燃的酒精棉球烧灼瓶口灭菌，用石炭酸纱布盖好，塑料瓶口可用 75%酒精棉球擦拭灭菌，用灭菌开瓶器将盖启开，含有二氧化碳的饮料可倒入另一灭菌容器内，口勿盖紧，覆盖一灭菌纱布，轻轻摇荡。待气体全部逸出后，进行检验。

（2）冰棍。用灭菌镊子除去包装纸，将冰棍部分放入灭菌磨口瓶内，木棒留在瓶外，盖上瓶盖，用力抽出木棒或用灭菌剪子剪掉木棒，置 45℃水浴 30min。溶化后立即进行检验。

（3）冰激凌。放在灭菌容器内，待其融化，立即进行检验。

6. 调味品样品的采集与处理

1）样品的采集和送检

（1）酱油和食醋。装瓶者采集原包装，散装样品可用灭菌吸管采取。

（2）酱类。用灭菌勺子采集，放入灭菌磨口瓶内送检。

2）检样的处理

（1）瓶装调味品。用点燃的酒精棉球烧灼瓶口灭菌，用石炭酸纱布盖好，再用灭菌开瓶器启开后进行检验。

（2）酱类。用无菌操作称取 25g 放入灭菌容器内、加入灭菌蒸馏水 255mL，制成混悬液。

（3）食醋。用 20%～30%灭菌碳酸钠溶液调 pH 值到中性。

7. 冷食菜、豆制品样品的采集与处理

1）样品的采集和送检

（1）冷食菜。将样品混匀，采集后放入灭菌容器内。

（2）豆制品。采集接触盛器边缘、底部及上面不同部位样品，放入灭菌容器内。

2）检样的处理

以无菌操作称取 25g 检样，放入 225mL 灭菌蒸馏水，制成混悬液。

8. 糕点、果脯、糖果样品的采集与处理

糕点、果脯等此类食品多是由糖、牛奶、鸡蛋、水果等为原料而制成的甜食。部分食品有包装纸，污染机会较少，但由于包装纸、盒不清洁，或没有包装的食品放于不洁的容器内也可造成污染。带馅的糕点往往因加热不彻底，存放时间长或温度高，可使细菌大量繁殖。带有奶油的糕点，存放时间长时，细菌可大量繁殖，造成食品变质。

1）样品的采集和送检

糕点、果脯可用灭菌镊子夹取不同部位样品，放入灭菌容器内；糖果采集原包装样品，采集后立即送检。

2) 样品采集数量

(1) 糕点。如为原包装用灭菌镊子夹下包装纸，采集外部及中心部；如为带馅糕点，采集外皮及内馅 25g；奶油糕点，采集奶油及糕点部分各一半共 25g，加入 225mL 灭菌生理盐水中，制成混悬液。

(2) 果脯。采集不同部位称取 25g 检样，加入灭菌生理盐水 225mL，制成混悬液。

(3) 糖果。用灭菌镊子夹取包装纸，称取数块共 25g，加入预温至 45℃的灭菌生理盐水 225mL 待溶化后检验。

9. 酒类样品的采集与处理

酒类一般不进行微生物学检验，进行检验的主要是乙醇含量低的发酵酒。因乙醇含量低，不能抑制细菌生长。污染主要来自原料或加工过程中不注意卫生操作而沾染水、土壤及空气中的细菌，尤其是散装生啤酒，因不加热往往生存大量细菌。

1) 样品的采集和送检

瓶装酒类应采集原包装样品；散装酒类应用灭菌容器采取，放入灭菌磨口瓶中。

2) 检样的处理

(1) 瓶装酒类。用点燃的酒精棉球烧灼瓶口灭菌，用石炭酸纱布盖好，再用灭菌开瓶器将盖启开，含有二氧化碳的酒类可倒入另一灭菌容器内，口勿盖紧，覆盖一纱布，轻轻摇荡，待气体全部逸出后，进行检验。

(2) 散装酒类。可直接吸取，进行检验。

10. 粮食样品的采集与处理

粮食最易被霉菌污染，由于遭受到产毒霉菌的侵染，不但发生腐败变质，造成经济上的巨大损失，而且能够产生各种不同性质的霉菌毒素。因此，加强对粮食中的霉菌检验具有重要意义。

1) 样品的采集

根据粮垛的大小和类型，按三层五点法取样或分层随机采集不同的样品充分混匀，取 500g 左右作检验用，每增加 10 000t，增加一个混样。

2) 样品的处理

为了分离侵染粮粒内部的霉菌，在分离培养前，必须先将附在粮粒表面的霉菌除去。采集粮粒 10~20g，放入灭菌的 150mL 锥形瓶中，以无菌技术，加入无菌水超过粮粒 1~2cm，塞好棉塞充分振荡 1~2min，将水倒净，再换水振荡，如此反复洗涤 10 次，最后将水倒去，将粮粒倒在无菌平皿中备用。如为原粮（如玉米、小麦等）需先用 75%乙醇浸泡 1~2min，以脱去粮粒表面的蜡质，倾去乙醇后再用无菌水洗涤粮粒，备用。

 思考与测试

(1) 固体食品的处理方法有哪些？

（2）简述 2~3 种常见食品检样的采集与处理方法。

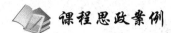

微生物检验抽样中的法律知识

项目四　食品中常见微生物检验

> **案例分析**
>
> 某牛奶生产企业，在生产过程中出现牛奶胀袋现象，请分析哪些微生物污染可能会引起牛奶胀袋，并写出微生物检验方案。

任务一　食品中菌落总数的测定

无菌室的使用及维护操作视频

> ☞ 知识目标
>
> （1）了解《食品安全国家标准　食品微生物学检验　菌落总数测定》（GB 4789.2—2016）。
> （2）熟悉菌落总数的概念及卫生学的意义。
> （3）掌握测定依据与步骤。
> （4）掌握菌落计数方法及结果记录。
> （5）掌握菌落总数测定的质控关键步骤。
>
> ☞ 能力目标
>
> （1）能查阅与解读《食品安全国家标准　食品微生物学检验　菌落总数测定》（GB 4789.2—2016），并能进行标准比对工作。
> （2）能根据企业产品类型确定菌落总数的检验方案。
> （3）能根据检验方案完成菌落总数检验的 SOP。
> （4）能按要求准确完成菌落总数的检验与记录。
> （5）能分析处理与判定检验结果、按格式要求撰写微生物检验报告。

食品中菌落总数的测定

菌落总数是指检样经过处理，在一定条件下（如培养基、培养温度和培养时间等）培养后，所得每 1g（mL）检样中形成的微生物菌落总数，包括细菌和霉菌等。菌落总数并不表示实际中的所有细菌总数，菌落总数并不能区分其中细菌的种类，所以有时被称为杂菌数、需氧菌数等。按国家标准方法规定，即在需氧情况下，36℃±1℃培养 48h±2h，能在普通营养琼脂平板上生长的细菌菌落总数，所以厌氧或微需氧菌、有特殊营养要求的及非嗜中温的细菌，由于现有条件不能满足其生理需求，故难以繁殖生长。食品中菌落总数的测定是教育部 1+X 食品检验管理中级证书微生物部分考核的内容，目的在于了解食品在生产中，从原料加工到成品包装受外界污染的情况；也可以应用这一方法观察细菌在食品中繁殖的动态，确定食品的保存期，以便对被检样品进行卫生学评价时提供依据。

食品有可能被多种类群的微生物所污染，每种细菌都有它一定的生理特性，培养时应用不同的营养条件及其生理条件（如温度、培养时间、pH 值、需氧性质等）去满足其要求，才能分别将各种细菌培养出来。但在实际工作中，一般都只用一种常用的方法做菌落总数的测定，所得结果只包括一群能在营养琼脂上发育的嗜中温性需氧菌的菌落数。食品的菌落总数严重超标，说明其产品的卫生状况达不到基本的卫生要求，将会破坏食品的营养成分，加速食品的腐败变质，使食品失去食用价值。消费者食用微生物超标严重的食品，很容易患痢疾等肠道疾病，可能引起呕吐、腹泻等症状，危害人体健康。如果食品中菌落总数多于 10 万个，就足以引起细菌性食物中毒；如果人的感官能察觉食品因细菌的繁殖而发生变质时，细菌数已达到 $10^6 \sim 10^7 \text{CFU/g}$（mL）。

菌落总数的单位：菌落形成单位叫作 CFU（colony forming units）。CFU 的含义是形成菌落的菌落个数，不等于细菌个数。例如，两个相同的细菌靠得很近或贴在一起，那么经过培养这两个细菌将会形成一个菌落，此时就是两个细菌。菌落总数往往采用的是平板计数法，经过培养后数出平板上所生长出的菌落个数，从而计算出每毫升或每克待检样品中可以培养出多少个菌落，于是以 CFU/g 或 CFU/mL 报告之，送检样表面所带细菌形成的菌落总数，以 CFU/cm^2 表示。

一、平板计数法测定食品中菌落总数

（一）适用范围

根据《食品安全国家标准　食品微生物学检验　菌落总数测定》（GB 4789.2—2016），本方法适用于食品中菌落总数的测定。

食品中菌落总数的测定操作视频

（二）检验原理

平板菌落计数法又称标准平板活菌计数法（standard plate count，SPC），是我国食品安全标准菌落总数测定规定采用的方法。测定食品中菌落总数时，是在严格规定的条件下，根据样品污染程度，将食品检样做成几个不同的 10 倍递增稀释液，选择其中的 2~3 个适宜的稀释度，然后从各个稀释液中分别取出一定量在无菌平皿内与平板计数琼脂混合，经一定培养条件下，按一定要求计算出皿内琼脂平板上所生成的细菌集落数，并再根据检样的稀释倍数，计算出每 1g 或 1mL 或 $1cm^2$ 样品中所含细菌菌落的总数，应报告为单位质量或体积（面积）样品在培养基上形成的菌落数。

（三）设备和材料

设备和材料一览表如表 4-1 所示。

表 4-1　设备和材料一览表

序号	名称	作用
1	恒温培养箱（±1℃）	培养测试样品
2	高压灭菌锅	培养基或生理盐水等灭菌
3	冰箱（±1℃）	放置样品

续表

序号	名称	作用
4	恒温水浴箱（±1℃）	调节培养基温度为恒温46℃±1℃
5	电子天平（感量为0.1g）	配制培养基
6	均质器	将样品与稀释液混合均匀
7	振荡器	振摇试管或用手拍打混合均匀
8	1mL无菌吸管或微量移液器及吸头（0.01mL）	吸取无菌生理盐水或稀释样液
9	10mL无菌吸管（0.1mL）	吸取样液
10	250mL无菌锥形瓶	盛放无菌生理盐水、盛放培养基
11	直径90mm无菌培养皿	测试样品
12	pH计或pH比色管	调节pH值
13	精密pH试纸	调节pH值
14	放大镜或（和）菌落计数器	菌落计数

注：表中所用的设备和材料指3个稀释度的样品检测所用的物品。

（四）培养基和试剂

（1）平板计数琼脂培养基（plate count agar，PCA）：将胰蛋白胨5.0g、酵母浸膏2.5g、葡萄糖1.0g、琼脂粉15.0g加入1 000mL蒸馏水中，煮沸溶解，调节pH值至7.0±0.2。分装到锥形瓶中使用双层铝箔封口，121℃高压灭菌15min。

（2）磷酸盐缓冲液：称取34.0g的磷酸二氢钾溶于500mL蒸馏水中，用大约175mL的1mol/L氢氧化钠溶液调节pH值至7.2，用蒸馏水稀释至1 000mL后储存于冰箱。稀释液：取储存液1.25mL，用蒸馏水稀释至1 000mL，分装于适宜容器中，121℃高压灭菌15min。

（3）无菌生理盐水：称取8.5g氯化钠溶于1 000mL蒸馏水中，分装到锥形瓶中使用双层铝箔封口或分装到试管中使用试管帽封口，121℃高压灭菌15min。

（4）75%乙醇：用1 000mL量筒量取95%乙醇750mL，再用蒸馏水补充至950mL，充分混匀。用酒精计对乙醇进行标定，标定范围75%±2%，记录标定结果。室温密闭储存，有效期3个月。

（五）操作步骤

菌落总数的检验程序如图4-1所示。

1. 准备工作

（1）高压灭菌并烘干足够的平板、试管、移液管等实验器具。检查实验所需的试剂、培养皿、酒精灯、擦拭棒等实验物品是否满足实验要求，如否立即配制或添置以达

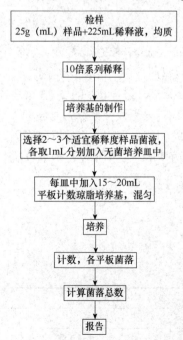

图4-1 菌落总数的检验程序

到实验的要求，配制试剂时，应参照当天的样品数量进行适量配制，以免造成浪费。

（2）无菌室在实验前紫外线消毒0.5～1h，紫外线消毒后30min内检验人员不得进入无菌室。

（3）若为冷藏样品，需提前2h从冰箱取出来解冻，对其编号和登记。

（4）平板计数琼脂及稀释液经121℃，15min高压灭菌后备用。

（5）配制适量1∶50的84消毒水，用于无菌室的消毒。

2. 样品稀释

（1）固体和半固体样品。称取25g样品置于盛有225mL磷酸盐缓冲液或生理盐水的无菌均质杯内，8 000～10 000r/min均质1～2min，或放入盛有225mL稀释液的无菌均质袋中，用拍击式均质器拍打1～2min，制成1∶10的样品匀液。

（2）液体样品。以无菌吸管吸取25mL样品置于盛有225mL磷酸盐缓冲液或生理盐水的无菌锥形瓶（瓶内预置适当数量的无菌玻璃珠）中，充分混匀，制成1∶10的样品匀液。

（3）用1mL无菌吸管或微量移液器吸取1∶10样品匀液1mL，沿管壁缓慢注于盛有9mL稀释液的无菌试管中（注意吸管或吸头尖端不要触及稀释液面），振摇试管或换用1支无菌吸管反复吹打使其混合均匀，制成1∶100的样品匀液。

（4）按图4-1操作，制备10倍系列稀释样品匀液。每递增稀释一次，换用1次1mL无菌吸管或吸头。

（5）根据对样品污染状况的估计，选择2～3个适宜稀释度的样品匀液（液体样品可包括原液），在进行10倍递增稀释时，吸取1mL样品匀液于无菌平皿内，每个稀释度做两个平皿。同时，分别吸取1mL空白稀释液加入两个无菌平皿内做空白对照。

（6）及时将15～20mL冷却至46℃的平板计数琼脂培养基（可放置于46℃±1℃恒温水浴箱中保温）倾注平皿，并转动平皿使其混合均匀。

3. 培养

（1）待琼脂凝固后，将平板翻转，36℃±1℃培养48h±2h。水产品30℃±1℃培养72h±3h。

（2）如果样品中可能含有在琼脂培养基表面弥漫生长的菌落时，可在凝固后的琼脂表面覆盖一薄层琼脂培养基（约4mL），凝固后翻转平板，按上述条件进行培养。

4. 菌落计数

（1）可用肉眼观察，必要时用放大镜或菌落计数器，记录稀释倍数和相应的菌落数量。菌落计数以菌落形成单位CFU表示。

（2）选取菌落数在30～300CFU、无蔓延菌落生长的平板计数菌落总数。小于30CFU的平板记录具体菌落数，大于300CFU的可记录为多不可计。每个稀释度的菌落数应采用两个平板的平均数。

（3）其中一个平板有较大片状菌落生长时，则不宜采用，而应以无片状菌落生长的平板作为该稀释度的菌落数；若片状菌落不到平板的一半，而其余一半中菌落分布又很均匀，即可计算半个平板后乘以2，代表一个平板菌落数。

（4）当平板上出现菌落间无明显界线的链状生长时，则将每条单链作为一个菌落计数。

（六）结果与报告

1. 菌落总数的计算方法

（1）若只有一个稀释度平板上的菌落数在适宜计数范围内，计算两个平板菌落数的平均值，再将平均值乘以相应稀释倍数，作为每1g（mL）样品中菌落总数结果。

（2）若有两个连续稀释度的平板菌落数在适宜计数范围内时，按下式计算：

$$N = \frac{\sum C}{(n_1 + 0.1n_2)d}$$

式中，N——样品中菌落数；

C——平板（含适宜范围菌落数的平板）菌落数之和；

n_1——第一稀释度（低稀释倍数）平板个数；

n_2——第二稀释度（高稀释倍数）平板个数；

d——稀释因子（第一稀释度）。

如某样品的检验结果如表4-2所示。

表4-2 菌落总数检验结果

稀释度	1∶100（第一稀释度）	1∶1 000（第二稀释度）
菌落总数/[CFU/g（mL）]	232，244	33，35

菌落总数计数方法如下式所示。

$$N = \frac{\sum C}{(n_1 + 0.1n_2)d} = \frac{232+244+33+35}{[2+(0.1\times 2)]\times 10^{-2}} = \frac{544}{0.022} = 24\ 727$$

数字修约后，结果表示为25 000或2.5×10^4。

（3）若所有稀释度的平板上菌落数均大于300CFU，则对稀释度最高的平板进行计数，其他平板可记录为多不可计，结果按平均菌落数乘以最高稀释倍数计算。

（4）若所有稀释度的平板菌落数均小于30CFU，则应按稀释度最低的平均菌落数乘以稀释倍数计算。

（5）若所有稀释度（包括液体样品原液）平板均无菌落生长，则以小于1乘以最低稀释倍数计算。

（6）若所有稀释度的平板菌落数均不在30～300CFU，其中一部分小于30CFU或大于300CFU时，则以最接近30CFU或300CFU的平均菌落数乘以稀释倍数计算。

2. 菌落总数的报告

（1）菌落数小于100CFU时，按"四舍五入"原则修约，以整数报告，将样品活菌数量测定结果数据填入表 4-3 中。

表 4-3　样品活菌数量测定结果数据记录

样品稀释液	菌落数/个	稀释度的选择	计算公式及结果/[CFU/g（mL）]
稀释度 1			
稀释度 2			
稀释度 3			
平均			

（2）菌落数大于或等于 100CFU 时，第 3 位数字采用"四舍五入"原则修约后，取前 2 位数字，后面用 0 代替位数；也可用 10 的指数形式来表示，按"四舍五入"原则修约后，采用 2 位有效数字。

（3）若所有平板上为蔓延菌落而无法计数，则报告菌落蔓延。

（4）若空白对照上有菌落生长，则此次检测结果无效。

（5）称重取样以 CFU/g 为单位报告，体积取样以 CFU/mL 为单位报告。

（七）注意事项

1. 培养基变化

GB 4789.2—2016 中的培养基继续采用了平板计数琼脂，其营养成分要优于以往的营养琼脂。营养琼脂含有了微生物复苏繁殖的最低成分要求，对于较弱的细菌，平板计数琼脂营养更好，含有更好的生长因子，更适合受损菌体的复苏。

2. 样品处理

对样品处理提出了更高的要求，拍击式均质器也被引用到国家标准中。普通的均质器在高速旋转时可能会引起局部高温，影响菌体的复苏；拍打式均质器对骨头、药片等硬质样品不好，容易造成破袋；最新的技术利用振荡、超声波均质。

3. 接种培养

关于稀释液的使用，目前国家标准中磷酸盐缓冲液和生理盐水可以同时使用，相对于无菌生理盐水，磷酸盐缓冲液更适合作稀释液，对菌体细胞有更好的保护作用，不会在稀释过程使本来已经受损的菌体细胞死亡，特别对于深加工的样品尤为适用。对含盐量较高的样品（酱类、味精、鸡粉等），可以直接用灭菌蒸馏水作为稀释液，以减少高盐分对细菌复苏的影响。在进行样液稀释时，国家标准采用 1mL 样液加入 9mL 无菌水中，而出入境检验行业标准采用取 10mL 稀释液，注入 90mL 缓冲液中，目的在于减少误差，因为从检验角度而言，样液越多，代表性越大，误差越少。倾注培养基，要特别注意温度和厚度。一般而言，最好在 40~45℃倾注平板，倾入量为 15~20mL。平板太薄，在培养过程中水分蒸发而影响细菌生长，而且太薄，营养成分不足，生长不良。目前检验室用的生化培养箱大部分为热风循环，具有抽水作用，在不考虑成本的情况下，平板厚度可以适当加厚。

标准中提到，如果样品中可能含有在琼脂培养基表面弥漫生长的菌落时，可在凝固后的琼脂表面覆盖一薄层琼脂培养基（约 4mL），凝固后翻转平板，再进行培养。这是因为蔓延菌中需氧菌较多，需要大量的氧气和水分，覆盖琼脂能够使空气和水分隔绝，减少蔓延菌生长的可能性。接种完成后，应尽快翻转平板，防止平皿盖上的水滴滴下，保持培养基表面干燥，也是防止蔓延菌生长的一个途径。在实际工作中，常常会遇到含有食物颗粒的样品，影响观察菌落数量，可用以下方法去除。

（1）制作检验稀释液于琼脂混合的平皿，放于 4℃冰箱中不经培养，以便在计数检样菌落时作为对照。

（2）每 100mL 平板计数培养基加 1mL 浓度为 0.5%的 2, 3, 5-氯化三苯四氮唑（TTC），细菌因有还原能力，菌落呈红色，而食品颗粒不带红色。

目前许多食品添加有诸如山梨酸、苯甲酸等防腐剂，残留的抑菌剂对微生物的生存繁殖存在明显的影响，使细菌处于抑制状态，不易复苏生长，造成菌落计数的误差。对此，可以通过添加抗干扰剂（中和剂），如卵磷脂、吐温-80 等，去除抑制剂的有效成分；也可以通过增加稀释倍数，使样液中抑菌剂含量减少，消除抑菌剂的影响，但此法容易造成假阴性，不推荐使用。也有研究表明，食品防腐剂在使用限量范围内，样品菌落总数检测结果没有显著性差异。

4. 检验室环境要求

检验室要求干净、光照充足、通风良好，工作台平稳且面积足够大。需定期对工作区域内的微生物密度进行监测，可将倾注有平板计数琼脂的平皿在空气中暴露 15min 后放培养箱（36℃±1℃）进行培养，48h 后每个平皿上的菌落不能超过 15 个。

5. 质控要求

对于定性检测，空白对照是十分关键的一种质控方式。标准上提到"分别吸取 1mL 空白稀释液加入 2 个无菌平皿内做空白对照""若空白对照有菌落生长，则此次检测结果无效"。在实际工作中，还可以追加不同的空白，查看整个实验的操作规范性和查找空白异常的原因。不同的空白包括环境空白、培养基空白、器皿空白等。环境空白可使用测定沉降菌的方法，在实验开始前打开一倾倒好培养基的平板，放在工作的超净工作台上，一直到实验结束后盖上平板培养；培养基空白可以在配制灭菌时分装一小瓶装的培养基，灭菌后即进行培养，如有菌生长，则同批配制的培养基都存在污染的可能性；器皿空白主要是在其他空白的基础上进行排除，判断污染是否来源于器皿。

二、疏水栅格滤膜法测定食品中菌落总数

（一）适用范围

根据《出口饮料中菌落总数、大肠菌群、类大肠菌群、大肠杆菌计数方法 疏水栅格滤膜法》（SN/T 1607—2017），本方法适用于出口饮用天然矿泉水、瓶（桶）装饮用纯净水、茶饮料和碳酸饮料等饮料中菌落总数的计数。

（二）检验原理

疏水栅格滤膜（hydrophobic grid membrane filtration，HGMF）是指孔径为 0.45μm 的微孔滤膜，其表面采用无毒疏水材料印有网格，形成和已知大小和数量相等的小方格。疏水栅格滤膜法是将一定数量的样液通过疏水栅格滤膜时，细菌被截留在疏水栅格滤膜内，将滤膜置于培养基上培养后，计数细菌生长的方格数就可测得菌落总数；若将滤膜置于选择性培养基上培养后，阳性菌落呈现特定颜色，计数这些特定颜色的阳性菌落方格数，则可测得样品中阳性菌落的数目。对于生产过程卫生控制良好的食品生产企业 1mL 或者 1g 的检样量食品中菌落总数均为无检出，要进一步准确判断实际过程的微生物状况，就要通过更大的检样量进行检测，采用结果更具代表性的膜过滤方法。

（三）设备和材料

设备和材料一览表如表 4-4 所示。

表 4-4 设备和材料一览表

序号	名称	作用
1	恒温培养箱（±1℃）	培养测试样品
2	高压灭菌锅	培养基或生理盐水、器皿等灭菌
3	膜过滤支架	支撑膜过滤漏斗
4	膜过滤漏斗	盛装样品
5	真空泵	抽滤样品
6	真空泵保护瓶（内装硅胶）	吸收水汽，保护真空泵
7	抽滤瓶	盛废液
8	1mL 吸管（0.1mL）	吸取无菌生理盐水或样液
9	10mL 吸管（1mL）	吸取无菌生理盐水或样液
10	90mm 培养皿	样品测定
11	酒精灯	火焰灭菌
12	喷雾器	酒精喷雾
13	杯子	盛装酒精
14	剪刀	剪膜片、剪灭菌袋
15	镊子	夹滤膜片
16	打火机	点燃酒精灯
17	油性笔	样品标记
18	孔径为 0.45μm 疏水栅格滤膜	过滤样品

（四）培养基和试剂

无菌生理盐水、培养基，胰化大豆坚固绿琼脂（TSAF）如表 4-5 所示。

表 4-5 胰化大豆坚固绿琼脂（TSAF）

成分	胰蛋白胨 1.50g，大豆胨 5.0g，氯化钠 5.0g，坚固绿 0.25g，琼脂 15.0g，蒸馏水 1 000mL
制法	将各成分加于蒸馏水中，加热至完全溶解，分装后置于121℃高压灭菌 15min。待冷却至 50～55℃倾注平皿
注意事项	培养基 4～6℃保存，不宜超过 4 周。使用前先从冰箱取出，待恢复室温，且琼脂表面干燥后使用

（五）操作步骤

疏水栅格滤膜法测定菌落总数的检验程序如图 4-2 所示。

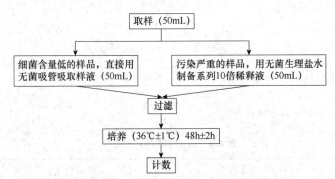

图 4-2 疏水栅格滤膜法测定菌落总数的检验程序

1. 试样制备

（1）细菌含量低的样品可以用无菌吸管吸取 50mL 直接过滤。

（2）根据对样品污染情况的估计，用无菌生理盐水将样品制成一系列 10 倍增的样品稀释液。制备样品全过程不得超过 15min，然后用 50mL 样品稀释液过滤。

2. 过滤

将灭过菌的过滤装置连接到抽滤瓶上，用无菌镊子夹取滤膜放至滤器底部，并用夹子固定。无菌吸取 50mL 样液至滤器内，打开真空泵电源进行抽滤，当全部样液滤过后，再另加 15mL 无菌生理盐水至滤器，进行同样的过滤，当全部液体通过滤膜后，关闭真空泵电源，移去夹子，打开滤器，用无菌镊子移取滤膜，同一样品做两次测定。

3. 培养

将过滤所得的滤膜贴至胰化大豆坚固绿琼脂平板上，滤膜与琼脂之间应无气泡，36℃±1℃培养 48h。

4. 计数

除去一个菌落很明显扩散于相邻方格，应按一个阳性方格计算，计数含有一个或更多菌落的所有方格为阳性方格，取两次计数的平均值，按下式求得每毫升样品中的菌落总数最近似值。

$$MPN = N \times \log_e [N(N-x)] \times D/50$$

式中，N——滤膜上的方格总数；

x——阳性方格数；

D——稀释倍数。

（六）结果与报告

根据上述计数结果，填写检验报告单 4-6。

表 4-6 菌落总数检验结果报告单（MPN）

样品名称							分析日期		
室温/℃			相对湿度/%				培养时间		
样品编号	执行标准	卫生标准/mL	实验数据				结果/mL	结论	
						空白			
测定依据：			计算公式：				备注		

（七）注意事项

（1）将样品名称标注于所用固体培养基的平皿背面。

（2）膜过滤漏斗（包括滤网）的灭菌采用蒸汽灭菌。

（3）注意无菌操作。用镊子从杀菌袋内取出膜过滤漏斗时，手不能接触滤杯内壁，将镊子的前部浸入盛有 95%乙醇的杯子中，取出后用酒精灯进行火焰灭菌。撕开膜片的包装袋及从包装袋中取出膜片时，手都不能接触膜片。一轮样品膜过滤结束后，用喷雾器（75%乙醇）依次对膜过滤漏斗内部进行喷雾，取下滤杯，用点燃的酒精棉擦拭滤网和滤杯内壁、底部，进行火焰灭菌，将滤杯放置到滤网上。

（4）膜过滤装置结束后的清理与维护。

① 所有样品膜过滤结束后，开启膜过滤开关阀和真空泵开关，从膜过滤支架的复式接口处开始注入热水（90℃以上），反复冲洗复式接头和膜过滤支架内部 4~5 遍。

② 冲洗完后，关闭真空泵开关。拆下连接膜过滤、抽滤瓶、真空泵保护瓶、真空泵的管子，用塞子将装有硅胶的真空泵保护瓶盖紧。

③ 用塞子塞住膜过滤支架开口，从膜过滤支架的复式接口处向支架内注入 75%乙醇，并用盖子盖在复式接口上。

④ 热水冲洗完毕，不方便拆卸连接膜过滤、抽滤瓶、真空泵保护瓶、真空泵的管子的，可以关闭各膜过滤开关阀，从膜过滤支架的复式接口处注入 75%乙醇，保证膜过滤开关阀上部浸泡乙醇，并用盖子盖在复式接口上。

⑤ 将抽滤瓶内的废液倒掉，用水将抽滤瓶冲洗干净，抽滤瓶内添加约 5 000mL 浓度为 50%的 84 消毒液。

⑥ 对无菌室进行卫生清理。

⑦ 真空泵的维护。观察真空泵保护瓶内硅胶颗粒的颜色，一半以上硅胶颗粒变成粉红色时，应当将硅胶颗粒烘干后再使用。当真空泵抽真空能力下降时，请专业人员按照标准进行检查、维护。

思考与测试

（1）食品中菌落总数测定的意义是什么？

（2）为什么平板计数琼脂在使用前要保持在 46℃±1℃？

课程思政案例

双重标准引起的菌落总数超标案例

任务二　食品中大肠菌群计数

☞ **知识目标**

（1）熟悉大肠菌群的概念及卫生学意义。

（2）掌握 MPN 法测定步骤及结果记录。

（3）掌握平板计数法选择的依据及测定步骤、计数方法和结果记录。

食品中大肠菌群计数

☞ **能力目标**

（1）能查阅与解读《食品安全国家标准　食品微生物学检验　大肠菌群计数》（GB 4789.3—2016），能根据需要拟定各种样品中大肠菌群的检验方案。

（2）能正确运用大肠菌群的标准操作程序。

（3）能按要求准确完成大肠菌群检验的记录。

（4）能分析处理与判定检验结果，按格式要求撰写微生物检验报告。

食品中大肠菌群是在一定培养条件下能发酵乳糖、产酸产气的需氧和兼性厌氧革兰氏阴性无芽孢杆菌。该菌主要来源于人畜粪便，故以此作为粪便污染指标来评价食品的卫生质量，推断食品中是否有污染肠道致病菌的可能。大肠菌群包括大肠埃希菌属、肠杆菌属、克雷伯菌属和柠檬酸杆菌属并非分类学概念，一般认为包括大肠埃希菌、柠檬酸杆菌、肺炎克雷伯氏菌和肠杆菌等。

粪大肠杆菌菌群是指在44.5℃培养24~48h能发酵乳糖、产酸产气的需氧和兼性厌氧革兰氏阴性无芽孢杆菌。与大肠菌群一样，并非细菌学分类命名，而是卫生细菌领域的用语，它不代表某一个或某一属细菌，而是指具有某些特性的一组与粪便污染有关的细菌，这些细菌在生化及血清学方面并非完全一致。北美国家一般使用"粪大肠菌群"概念，如美国食品药品监督管理局（FDA）；而欧洲使用"耐热大肠菌群"概念，较少使用"粪大肠菌群"，如北欧食品分析委员会标准（Nordic Committee on Food Analysis，NMKL）。

大肠埃希菌（*Escherichia coli*）是指一群在44.5℃发酵乳糖、产酸产气、IMViC生化实验为++——或—+——的革兰氏阴性无芽孢杆菌。大肠埃希菌是人和温血动物肠道内普遍存在的细菌，是粪便中的主要菌种。一般生活在人大肠中并不致病，但它侵入人体一些部位时，可引起感染，是分类学概念，如肠杆菌科、埃希氏菌属。致泻性大肠埃希菌能侵入肠黏膜上皮细胞，引起食物中毒。肠产毒性大肠埃希菌（ETEC）能引起肠胃炎、旅行性腹泻，肠致病性大肠埃希菌（EPEC）能引起婴儿腹泻，肠出血性大肠埃希菌（EHEC）能引起出血性结肠炎（如O157：H7；O104：H4；O111；O26等），肠侵袭性大肠埃希菌（EIEC）能引起杆菌性痢疾，肠黏附性大肠埃希菌（EAEC）能引起急慢性腹泻。

食品中检出大肠菌群，表明该食品有粪便污染，粪便中既有正常肠道菌，也可能有肠道致病菌（如大肠埃希菌O157、沙门氏菌、志贺氏菌、霍乱弧菌、副溶血弧菌等），因而也就有可能通过污染的食品引起肠道传染病的流行。大肠菌群数量越多则肠道致病菌存在的可能性就越高，但两者之间并不总是呈平行关系。

通常情况下，粪大肠菌群与大肠菌群，在人和动物粪便中所占的比例较大，而且由于在自然界容易死亡等原因，粪大肠菌群的存在可认为食品直接或间接地受到了比较近期的粪便污染。因而，粪大肠菌群在食品中的检出，与大肠菌群相比，说明食品受到了更为不清洁的加工，肠道致病菌和食物中毒菌的可能性更大。

一、大肠菌群 MPN 法

（一）适用范围

根据《食品安全国家标准 食品微生物学检验 大肠菌群计数》（GB 4789.3—2016），最大或然数计数（the most probable number，MPN）法适用于大肠菌群含量较低的食品中大肠菌群的计数。大肠菌群的计数是教育部 1+X 食品检验管理中级证书微生物部分考核的内容。

（二）检验原理

MPN法是统计学和微生物学结合的一种定量检测法。待测样品经系列稀释并培养后，根据其未生长的最低稀释度与生长的最高稀释度，应用统计学概率论推算出待测样品中大肠菌群的最大可能数。样品经过处理与稀释后用月桂基硫酸盐胰蛋白胨肉汤（lauryl sulfate tryptose，LST）进行初发酵，是为了证实样品或其稀释液是否存在符合大肠菌群的定义（即在37℃分解乳糖产酸产气）的菌群，初发酵后观察LST管是否产气。初发酵产气管，不能肯定就是大肠菌群，经过复发酵实验后，有可能为阴性。因此，在实际检测工作中，需用煌绿乳糖胆盐肉汤（BGLB）做验证实验。此法食品中的大肠菌群数以每1mL（g）检样内大肠菌群最大或然数计数（MPN）表示。

（三）设备和材料

设备和材料一览表如表4-7所示。

表4-7 设备和材料一览表

序号	名称	作用
1	恒温培养箱（±1℃）	培养测试样品
2	高压灭菌锅	培养基或生理盐水等灭菌
3	冰箱（±1℃）	放置样品
4	电子天平（感量为0.1g）	配制培养基
5	均质器	将样品与稀释液混合均匀
6	振荡器	振摇试管或用手拍打混合均匀
7	1mL无菌吸管或微量移液器及吸头（0.01mL）	吸取无菌生理盐水或稀释样液
8	10mL无菌吸管（0.1mL）	吸取样液
9	500mL无菌锥形瓶	盛放无菌生理盐水、盛放培养基
10	无菌试管	测试样品
11	pH计或pH比色管	调节pH值
12	精密pH试纸	调节pH值
13	放大镜或菌落计数器	菌落计数

（四）培养基和试剂

磷酸盐缓冲液，生理盐水，1mol/L氢氧化钠溶液，1mol/L盐酸溶液，月桂基硫酸盐胰蛋白胨肉汤（LST），煌绿乳糖胆盐肉汤（BGLB）、结晶紫中性红胆盐琼脂（violet red bile agar，VRBA）。表4-8为培养基配制方法。

表4-8 培养基配制方法

	成分	胰蛋白胨或胰酪胨20.0g，氯化钠5.0g，乳糖5.0g，磷酸氢二钾2.75g，磷酸二氢钾2.75g，月桂基硫酸钠0.1g，蒸馏水1 000mL
LST	制法	将上述成分溶解于蒸馏水中，调节pH值为6.8±0.2。分装到有玻璃小倒管的试管中，每管10mL。121℃高压灭菌15min
	作用	1. 月桂基硫酸钠能抑制革兰氏阳性菌的生长，同时比胆盐的选择性和稳定性好。由于胆盐与酸产生沉淀，沉淀有时候会使对产气情况的观察变得有些困难。 2. 乳糖是大肠菌群可利用发酵的糖类。有利于大肠菌群的生长繁殖并有助于鉴别大肠菌群和肠道致病菌。 3. 胰蛋白胨提供基本的营养成分。 4. LST是国际上通用的培养基，与乳糖胆盐肉汤的作用和意义相同，但具有更多的优越性

续表

BGLB	成分	蛋白胨 10.0g，乳糖 10.0g，牛胆粉溶液 200mL，0.1%煌绿水溶液 13.3mL，蒸馏水 800mL
	制法	将蛋白胨、乳糖溶于约 500mL 蒸馏水中，加入牛胆粉溶液 200mL（将 20.0g 脱水牛胆粉溶于 200mL 蒸馏水中，调节 pH 值为 7.0～7.5），用蒸馏水稀释到 975mL，调节 pH 值为 7.2±0.1，再加入 0.1%煌绿水溶液 13.3mL，用蒸馏水补足到 1 000mL，用棉花过滤后，分装到有玻璃小倒管的试管中，每管 10mL。121℃高压灭菌 15min
	作用	1. 胆盐可抑制革兰氏阳性菌。 2. 煌绿是抑菌抗腐剂，可增强对革兰氏阳性菌的抑制作用。 3. 乳糖是大肠菌群可利用发酵的糖类，有利于大肠菌群的生长繁殖，并有助于鉴别大肠菌群和肠道致病菌。 4. 发酵实验判定原则：产气为阳性。由于配方里有胆盐，胆盐遇到大肠菌群分解乳糖所产生的酸形成胆酸沉淀，培养基可由原来的绿色变为黄色，同时可看到管底通常有沉淀
VRBA （平板计数法）	成分	蛋白胨 7.0g，酵母膏 3.0g，乳糖 10.0g，氯化钠 5.0g，胆盐或 3 号胆盐 1.5g，中性红 0.03g，结晶紫 0.002g，琼脂 15～18g，蒸馏水 1 000mL
	制法	将上述成分溶于蒸馏水中，静置几分钟，充分搅拌，调节 pH 值为 7.4±0.1。煮沸 2min，将培养基熔化并恒温至 45～50℃倾注平板。使用前临时制备，不得超过 3h

（五）操作步骤

大肠菌群 MPN 法检验程序如图 4-3 所示。

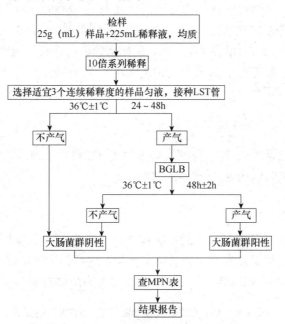

图 4-3 大肠菌群 MPN 法检验程序

1. 样品的制备

（1）固体和半固体样品。称取 25g 样品，放入盛有 225mL 磷酸盐缓冲液或生理盐水的无菌均质杯内，8 000～10 000r/min 均质 1～2min，或放入盛有 225mL 磷酸盐缓冲液或生理盐水的无菌均质袋中,用拍击式均质器拍打 1~2min,制成 1:10 的样品匀液。

(2)液体样品。以无菌吸管吸取 25mL 样品置盛有 225mL 磷酸盐缓冲液或生理盐水的无菌锥形瓶(瓶内预置适当数量的无菌玻璃珠)或其他无菌容器中充分振摇或置于机械振荡器中振摇,充分混匀,制成 1:10 的样品匀液。

样品匀液的 pH 值应为 6.5~7.5,必要时分别用 1mol/L 氢氧化钠溶液或 1mol/L 盐酸溶液调节。

2. 样品稀释

用 1mL 无菌吸管或微量移液器吸取 1:10 样品匀液 1mL,沿管壁缓缓注入 9mL 磷酸盐缓冲液或生理盐水的无菌试管中(注意吸管或吸头尖端不要触及稀释液面),振摇试管或换用 1 支 1mL 无菌吸管反复吹打,使其混合均匀,制成 1:100 的样品匀液。

根据对样品污染状况的估计,按上述操作,依次制成 10 倍递增系列稀释样品匀液。每递增稀释 1 次,换用 1 支 1mL 无菌吸管或吸头。从制备样品匀液至样品接种完毕,全过程不得超过 15min。

3. 初发酵实验

每个样品选择 3 个适宜的连续稀释度的样品匀液(液体样品可以选择原液),每个稀释度接种 3 管月桂基硫酸盐胰蛋白胨肉汤(LST),每管接种 1mL(如接种量超过 1mL,则用双料 LST),36℃±1℃培养 24h±2h,观察倒管内是否有气泡产生,24h±2h 产气者进行复发酵实验(证实实验),如未产气则继续培养至 48h±2h,产气者进行复发酵实验。未产气者为大肠菌群阴性。

4. 复发酵实验(证实实验)

用接种环从产气的 LST 管中分别取培养物 1 环,移种于煌绿乳糖胆盐肉汤(BGLB)管中,36℃±1℃培养 48h±2h,观察产气情况。

(六)结果与报告

(1)结果判定:复发酵实验(证实实验)中,产气者,计为大肠菌群阳性管。
(2)结果报告。根据复发酵实验(证实实验)确证的大肠菌群 BGLB 阳性管数,查 MPN 检索表(表 4-9),报告每 1g(mL)样品中大肠菌群的 MPN 值(表 4-10)。

表 4-9 大肠菌群最大或然数计数(MPN)检索表

阳性管数			MPN	95%可信值		阳性管数			MPN		
0.10	0.01	0.001		上限	下限	0.10	0.01	0.001		上限	上限
0	0	0	<3.0	—	9.5	2	2	0	21	4.5	42
0	0	1	3.0	0.15	9.6	2	2	1	28	8.7	94
0	1	0	3.0	0.15	11	2	2	2	35	8.7	94

续表

阳性管数			MPN	95%可信值		阳性管数			MPN	上限	上限
0.10	0.01	0.001		上限	下限	0.10	0.01	0.001			
0	1	1	6.1	1.2	18	2	3	0	29	8.7	94
0	2	0	6.2	1.2	18	2	3	1	36	8.7	94
0	3	0	9.4	3.6	38	3	0	0	23	4.6	94
1	0	0	3.6	0.17	18	3	0	1	38	8.7	110
1	0	1	7.2	1.3	18	3	0	2	64	17	180
1	0	2	11	3.6	38	3	1	0	43	9	180
1	1	0	7.4	1.3	20	3	1	1	75	17	200
1	1	1	11	3.6	38	3	1	2	120	37	420
1	2	0	11	3.6	42	3	1	3	160	40	420
1	2	1	15	4.5	42	3	2	0	93	18	420
1	3	0	16	4.5	42	3	2	1	150	37	420
2	0	0	9.2	1.4	38	3	2	2	210	40	430
2	0	1	14	3.6	42	3	2	3	290	90	1 000
2	0	2	20	4.5	42	3	3	0	240	42	1 000
2	1	0	15	4.7	42	3	3	1	460	90	2 000
2	1	1	20	4.5	42	3	3	2	1 100	180	4 100
2	1	2	27	8.7	94	3	3	3	>1 100	420	--

注：本表采用3个稀释度[0.1g（mL）、0.01g（mL）、0.001g（mL）]，每个稀释度接种3管。

表内所列检样量如改用1g（mL）、0.1g（mL）和0.01g（mL）时，表内数字应相应降低10倍；如改用0.01g（mL）、0.001g（mL）和0.0001g（mL）时，则表内数字应相应增高10倍，其余类推。

表4-10 大肠菌群MPN法原始结果记录表

样品编号	初发酵实验				复发酵实验				检验结果
	1mL（g）×3	0.1mL（g）×3	0.01mL（g）×3	0.001mL（g）×3	1mL（g）×3	0.1mL（g）×3	0.01mL（g）×3	0.001mL（g）×3	大肠菌群/[MPN/mL（g）]

（七）注意事项

（1）初发酵产气量。在LST初发酵实验中，经常可以看到在发酵管内存在有极微小的气泡（有时比小米粒还小），类似这样的情况能否是产气阳性，这是许多食品检验工作者经常遇到的问题。一般来说，产气量与大肠菌群检出率成正相关，但随样品种类而有不同，有小于米粒的气泡，亦有可能检出阳性。

（2）有时发酵管内虽有气体，而由于特殊情况，导致小导管产气现象不明显。

① 如叉烧类肉制品因为不能完全溶解于水，即使经过稀释后，发酵管内仍有肉眼可见的悬浮物，这些沉淀样沉淀于管底，堵住了小导管的管口，从而影响气体进入导管中。

② 如牛奶类蛋白质含量较高的食品初发酵时，大肠菌群产酸后 pH 值下降，蛋白质达等电点后沉淀，会堵住导管口，不利于气体进入小导管，但在液面及管壁却可以看到缓缓上浮的小气泡。所以对未产气的发酵管如有疑问时，可以用手轻轻打动试管，如有气泡沿壁上浮，即应考虑可能有气体产生，而应做进一步观察。建议在初发酵实验中，不宜将导管内是否出现气泡作为阳性管判断的唯一依据，如果以产酸同样作为判断的主要依据，会减少假阴性的出现率。

二、大肠菌群平板计数法

（一）适用范围

该法适用于大肠菌群含量较高的食品中大肠菌群的计数。

（二）检验原理

大肠菌群在固体培养基中发酵乳糖产酸，在指示剂的作用下形成可计数的红色或紫色、带有或不带有沉淀环的菌落。

（三）设备和材料

设备和材料见大肠菌群 MPN 法。

（四）培养基和试剂

磷酸盐缓冲液，生理盐水，煌绿乳糖胆盐肉汤（BGLB），结晶紫中性红胆盐琼脂（VRBA）（表 4-8）。

（五）操作步骤

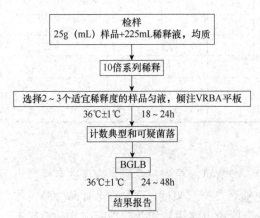

图 4-4 大肠菌群平板计数法检验程序

大肠菌群平板计数法检验程序如图 4-4 所示。

1. 样品的稀释

按大肠菌群 MPN 计数法进行。

2. 平板计数

（1）选取 2~3 个适宜的连续稀释度，每个稀释度接种 2 个无菌平皿，每皿 1mL。同时取 1mL 生理盐水加入无菌平皿做空白对照。

（2）及时将 15~20mL 熔化并恒温至 46℃

的结晶紫中性红胆盐琼脂（VRBA）倾注于每个平皿中。小心旋转平皿，将培养基与样液充分混匀，待琼脂凝固后，再加3~4mL VRBA覆盖平板表层。翻转平板，置于36℃±1℃培养18~24h。

3. 平板菌落数的选择

选取菌落数在15~150CFU的平板，分别计数平板上出现的典型和可疑大肠菌群菌落（如菌落直径较典型菌落小）。典型菌落为紫红色，菌落周围有红色的胆盐沉淀环，菌落直径为0.5mm或更大，最低稀释度平板低于15CFU的记录具体菌落数。

4. 证实实验

从VRBA平板上挑取10个不同类型的典型和可疑菌落，少于10个菌落的挑取全部典型和可疑菌落。分别移种于BGLB管内，36℃±1℃培养24~48h，观察产气情况。凡BGLB管产气，即可报告为大肠菌群阳性。

（六）大肠菌群平板计数的报告

经最后证实为大肠菌群阳性的试管比例乘以上述操作步骤3中计数的平板菌落数，再乘以稀释倍数，即为每1g(mL)样品中大肠菌群数。如10^{-4}样品稀释液1mL，在VRBA平板上有100个典型和可疑菌落，挑取其中10个接种BGLB管，证实有6个阳性管，则该样品的大肠菌群数为：$100×6/10×10^4$/g（mL）=$6.0×10^5$CFU/g（mL）。若所有稀释度（包括液体样品原液）平板均无菌落生长，则以小于1乘以最低稀释倍数计算，将大肠菌群平板计数法测定的原始记录和结果填入表4-11中。

表4-11 大肠菌群平板计数法测定的原始记录和结果表

皿次	原液	10^{-1}	10^{-2}	10^{-3}	空白
1					
2					
平均					
计数稀释度					
证实实验结果					
结果报告/[CFU/g（mL）]					

（七）注意事项

（1）平板计数法相对于MPN法来说，检验结果更精确。但对于污染菌量太少的样品，还是MPN法更有优势。

（2）挑选菌落时，为了提高大肠菌群的检出率，应当熟悉大肠菌群的菌落色泽和形态。在检验中，大肠菌群在VRBA上典型菌落呈紫红色，菌落周围有红色的胆盐沉淀环，菌落直径为0.5mm或更大。在伊红-亚甲蓝（EMB）平板上的菌落呈黑紫色有光泽或无光泽的检出率最高。

思考与测试

（1）食品中大肠菌群测定的意义是什么？

（2）检验食品中大肠菌群时，选择大肠菌群平板计数法或 MPN 法检验大肠菌群的依据是什么？

 课程思政案例

肠出血性大肠埃希菌与食源性疾病

任务三　食品中霉菌和酵母菌计数

☞ 知识目标

（1）了解霉菌和酵母菌测定的意义

（2）了解霉菌和酵母菌的菌落形态。

（3）掌握酵母菌与霉菌菌落鉴别及计数方法、结果记录。

☞ 能力目标

（1）能查阅与解读《食品安全国家标准　食品微生物学检验　霉菌和酵母计数》（GB 4789.15—2016），能根据需要拟定霉菌和酵母菌计数检验方案。

（2）能按要求准确完成微生物检验的记录。

（3）能分析处理与判定检验结果、按格式要求撰写微生物检验报告。

食品中霉菌和酵母菌计数

霉菌为丝状真菌的统称。凡是在营养基质上能形成绒毛状、网状或絮状菌丝体的真菌（除少数外），统称为霉菌。酵母菌通常是单细胞，呈圆形、卵圆形、腊肠形或杆状；种类较多，目前已知有 500 多种。酵母菌分布广，在水果、蔬菜、花蜜和植物叶子表面及果园的土壤里。在牛奶、动物的排泄物及空气中也有酵母存在，大多数腐生，少数寄生。

由于霉菌和酵母菌能抵抗热、冷冻、抗生素和辐照等因素，故它们能转换某些不利于细菌的物质，促进致病菌细菌的生长；有些霉菌能够合成有毒代谢产物——霉菌毒素。霉菌的菌落大、疏松、干燥、不透明，有的呈绒毛状或絮状或网状等，菌体可沿培养基表面蔓延生长，由于不同的真菌孢子含有不同的色素，所以菌落可呈现红、黄、绿、青绿、青灰、黑、白、灰等多种颜色。食品中常见的酵母菌常会引起食品的腐败变质，如腐败酵母菌种包括啤酒酵母、红酵母、克柔氏假丝酵母等。酵母菌在新鲜的和加工的食品中繁殖，可使食品发生难闻的异味，它还可以使液体发生浑浊，产生气泡，形成薄膜，改变颜色及散发不正常的气味等。克柔氏假丝酵母主要引起泡菜、酱油变质。霉菌和酵母菌常使食品表面失去色、香、味。

霉变的食品带有令人难以接受的不良感官性，如刺激性气味、异常颜色、酸臭味道、组织溃烂等，食品成分物质被严重分解破坏，不仅蛋白质、脂肪和碳水化合物发生降解破坏，无机盐和微量元素也有严重的流失和破坏。霉菌和酵母菌产生的有毒代谢产物（霉菌毒素）可引起人体不良反应和食物中毒。因此，霉菌和酵母菌也作为评价食品卫生质量的指示菌，并以霉菌和酵母菌计数来判定食品被污染的程度。霉菌和酵母菌计数是教育部1+X食品检验管理中级证书微生物部分考核的内容。

一、霉菌和酵母菌平板计数法

（一）适用范围

根据《食品安全国家标准 食品微生物学检验 霉菌和酵母计数》（GB 4789.15—2016），该法适用于各类食品中霉菌和酵母菌的计数。

（二）检验原理

霉菌和酵母菌广泛分布于自然环境中。它们有时是食品中正常菌相的一部分，但有时也能造成多种食品的腐败变质。因而，霉菌和酵母菌也常被作为评价食品卫生质量的指标菌。霉菌和酵母菌菌数的测定是指食品检样经过处理，在一定条件下（如培养基、培养温度和培养时间、pH值、需氧性质等）培养后，所得1g或1mL检验中所含的霉菌和酵母菌菌落数（粮食样品是指1g粮食表面的霉菌总数）。

（三）设备和材料

设备和材料一览表如表4-12所示。

表4-12 设备和材料一览表

序号	名称	作用
1	恒温培养箱（±1℃）	培养测试样品（28℃）
2	高压灭菌锅	培养基或生理盐水等灭菌
3	冰箱（±1℃）	放置样品
4	恒温水浴箱（±1℃）	调节培养基温度为恒温46℃±1℃
5	电子天平（感量为0.1g）	配制培养基
6	拍击式均质器或均质袋	将样品与稀释液混合均匀
7	振荡器或漩涡混合器	振摇试管或用手拍打混合均匀
8	1mL无菌吸管或微量移液器及吸头（0.01mL）	吸取无菌生理盐水或稀释样液
9	10mL无菌吸管（0.1mL）	吸取样液
10	250mL无菌锥形瓶	盛放无菌生理盐水
11	500mL无菌锥形瓶	盛放培养基

续表

序号	名称	作用
12	直径 90mm 无菌培养皿	测试样品
13	显微镜（10～100 倍）	第二法镜检
14	pH 计或 pH 比色管	调节 pH 值
15	精密 pH 试纸	调节 pH 值
16	菌落计数器	菌落计数
17	折光仪	第二法涂片
18	郝氏计测玻片（具有标准计测室的特制玻片）	第二法涂片
19	盖玻片	第二法涂片
20	测微器（具标准刻度的玻片）	第二法测量

注：表中所用的设备和材料指 3 个稀释度的样品检测所用的物品。

（四）培养基和试剂

（1）培养基：马铃薯葡萄糖琼脂培养基、孟加拉红琼脂培养基。培养基配制方法如表 4-13 所示。

表 4-13 培养基配制方法

培养基		内容
马铃薯葡萄糖琼脂培养基	成分	马铃薯（去皮切块）300g，葡萄糖 20.0g，琼脂 20.0g，氯霉素 0.1g，蒸馏水 1 000mL
	制法	将马铃薯去皮切块，加 1 000mL 蒸馏水，煮沸 10～20min。用纱布过滤，补足蒸馏水至 1 000mL。加入葡萄糖和琼脂，加热溶解，分装后，121℃灭菌 15min，备用
孟加拉红琼脂培养基	成分	蛋白胨 5.0g，葡萄糖 10.0g，磷酸二氢钾 1.0g，无水硫酸镁 0.5g，琼脂 20.0g，孟加拉红 0.033g，氯霉素 0.1g，蒸馏水 1 000mL
	制法	上述各成分加入蒸馏水中，加热溶解，补足蒸馏水至 1 000mL，分装后，121℃灭菌 15min，避光保存备用

（2）磷酸盐缓冲液：称取 34.0g 的磷酸二氢钾溶于 500mL 蒸馏水中，用大约 175mL 的 1mol/L 氢氧化钠溶液调节 pH 值为 7.2±0.1，用蒸馏水稀释至 1 000mL 后储存于冰箱。取储存液 1.25mL，用蒸馏水稀释至 1 000mL，分装于适宜容器中，121℃高压灭菌 15min。

（3）无菌生理盐水：8.5g 氯化钠加入 1 000mL 蒸馏水中，搅拌至完全溶解，分装 121℃灭菌 15min。

（五）操作步骤

霉菌和酵母菌平板计数法的检验程序如图 4-5 所示。

1. 样品稀释

（1）固体和半固体样品。称取 25g 样品，加入 225mL 无菌稀释液（蒸馏水或生理盐水或磷酸盐缓冲液），充分振摇，或用拍击式均质器拍打 1～2min，制成 1∶10 的样品匀液。

（2）液体样品。以无菌吸管吸取 25mL 样品至盛有 225mL 无菌稀释液（蒸馏水或生理盐水或磷酸盐缓冲液）的适宜容器内（可在瓶内预置适当数量的无菌玻璃珠）或

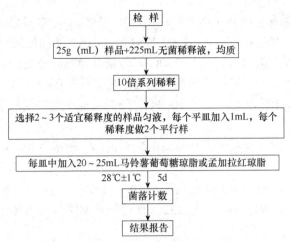

图 4-5 霉菌和酵母菌平板计数法的检验程序

无菌均质袋中,充分振摇。或用拍击式均质器拍打 1~2min,制成 1:10 的样品匀液。

(3)取 1mL 1:10 样品匀液注入含有 9mL 无菌稀释液的试管中,另换 1 支 1mL 无菌吸管反复吹吸,或在漩涡混合器上混匀,此液为 1:100 的样品匀液。

(4)按上述操作,制备 10 倍递增系列稀释样品匀液。每递增稀释 1 次,换用 1 支 1mL 无菌吸管。

(5)根据对样品污染状况的估计,选择 2~3 个适宜稀释度的样品匀液(液体样品可包括原液),在进行 10 倍递增稀释的同时,每个稀释度分别吸取 1mL 样品匀液于 2 个无菌平皿内。同时分别取 1mL 无菌稀释液加入 2 个无菌平皿做空白对照。

(6)及时将 20~25mL 冷却至 46℃的马铃薯葡萄糖琼脂或孟加拉红琼脂培养基(可放置于 46℃±1℃恒温水浴箱中保温)倾注平皿,并转动平皿使其混合均匀,置水平台面待培养基完全凝固。

2. 培养

待琼脂凝固后,正置平板,置 28℃±1℃培养箱中培养,观察并记录培养至第 5 天的结果。

3. 菌落计数

用肉眼观察,必要时可用放大镜或低倍镜,记录各稀释倍数和相应的霉菌和酵母菌落数。以菌落形成单位(colony-forming units,CFU)表示。

选取菌落数在 10~150CFU 的平板,根据菌落形态分别计数霉菌和酵母菌。霉菌蔓延生长覆盖整个平板的可记录为菌落蔓延。

(六)结果与报告

1. 结果

(1)计算同一稀释度的 2 个平板菌落数的平均值,再将平均值乘以相应倍数。

（2）若有 2 个稀释度平板上菌落数均在 10～150CFU，则按照《食品安全国家标准 食品微生物学检验 菌落总数测定》（GB 4789.2—2016）的相应规定进行计算。

（3）若所有平板上菌落数均大于 150CFU，则对稀释度最高的平板进行计数，其他平板可记录为多不可计，结果按平均菌落数乘以最高稀释倍数计算。

（4）若所有平板上菌落数均小于 10CFU，则应按稀释度最低的平均菌落数乘以稀释倍数计算。

（5）若所有稀释度（包括液体样品原液）平板均无菌落生长，则以小于 1 乘以最低稀释倍数计算。

（6）若所有稀释度的平板菌落数均不在 10～150CFU，其中一部分小于 10CFU 或大于 150CFU 时，则以最接近 10CFU 或 150CFU 的平均菌落数乘以稀释倍数计算。

2. 报告

（1）菌落数按"四舍五入"原则修约，菌落数在 10CFU 以内时，采用 1 位有效数字报告；菌落数在 10～100CFU 时，采用 2 位有效数字报告。

（2）菌落数大于或等于 100CFU 时，前第 3 位数字采用"四舍五入"原则修约后，取前 2 位数字，后面用 0 代替位数来表示结果；也可用 10 的指数形式来表示，此时也按"四舍五入"原则修约后，采用 2 位有效数字。

（3）若空白对照平板上有菌落出现，则此次检测结果无效。

（4）称重取样以 CFU/g 为单位报告，体积取样以 CFU/mL 为单位报告，报告或分别报告霉菌和（或）酵母菌数。

（七）注意事项

1. 样品稀释

在稀释过程中，为了使霉菌的孢子充分散开，固体和半固体样品需充分振摇或用拍击式均质器拍打 1～2min，制成 1∶10 的样品匀液，液体样品可在瓶内预置适当数量的无菌玻璃珠或无菌均质袋中，充分振摇，或用拍击式均质器拍打 1～2min，制成 1∶10 的样品匀液。

规定用粗大的试管（18mm×180mm），有利于样品稀释液混匀，在原有小试管里很难充分混匀。

2. 培养基的选择

在霉菌和酵母菌计数中，主要使用以下几种选择性培养基。

（1）马铃薯葡萄糖琼脂培养基（PDA）：霉菌和酵母菌在 PDA 培养基上生长良好。用 PDA 做平板计数时，必须加入抗生素以抑制细菌。

（2）孟加拉红（虎红）琼脂培养基：该培养基中的孟加拉红和抗生素具有抑制细菌的作用。孟加拉红还可以抑制霉菌菌落的蔓延生长。在菌落背面由孟加拉红产生的红色有助于霉菌和酵母菌菌落的计数。

3. 倾注培养

每个样品应选择 3 个适宜的稀释度，每个稀释度倾注 2 个平皿。培养基熔化后冷却至 45℃，立即倾注并旋转混匀，先向一个方向旋转，再转向相反方向，充分混合均匀。培养基凝固后，正置培养（避免在反复观察的过程中，上下颠倒平板导致霉菌孢子扩散形成次生小菌落）。大多数霉菌和酵母菌在 25~30℃的情况下生长良好，因此培养温度 25~28℃。培养 3d 后开始观察菌落生长情况，共培养 5d，观察并记录结果。

4. 菌落计数及报告

选取菌落数 10~150 个的平板进行计数。一个稀释度使用 2 个平板，取 2 个平板菌落数的平均值，乘以稀释倍数报告。固体样品以 g 为单位报告，液体样品以 mL 报告。关于稀释倍数的选择可参考细菌菌落总数测定，将霉菌计数的原始记录和结果填入表 4-14，将酵母菌计数的原始记录和结果填入表 4-15 中。

表 4-14　霉菌计数的原始记录和结果表

稀释度							空白对照
	1	2	1	2	1	2	
平板上菌落数							
平均数							
结果							

表 4-15　酵母菌计数的原始记录和结果表

稀释度							空白对照
	1	2	1	2	1	2	
平板上菌落数							
平均数							
结果							

二、霉菌直接镜检计数法

（一）适用范围

根据《食品安全国家标准　食品微生物学检验　霉菌和酵母计数》（GB 4789.15—2016），该法适用于番茄酱罐头、番茄汁中霉菌的计数。

（二）检验原理

检验原理见霉菌和酵母菌平板计数法。

（三）设备和材料

设备和材料见霉菌和酵母菌平板计数法。

（四）试剂

试剂见霉菌和酵母菌平板计数法。

（五）操作步骤

1. 检样的制备

取适量的检样，加蒸馏水稀释至折光指数为 1.3447～1.3460（即浓度为 7.9%～8.8%），备用。

2. 显微镜标准视野的校正

将显微镜按放大率 90～125 倍调节标准视野，使其直径为 1.382mm。

3. 涂片

洗净郝氏计测玻片，将制好的标准液，用玻璃棒均匀摊布于计测室，加盖玻片，以备观察。

4. 观测

将制好的载玻片置于显微镜标准视野下进行观察。一般每个检样每人观察 50 个视野。同一检样应由两人进行观察。

（六）结果与报告

1. 结果计算

在标准视野下，发现有霉菌菌丝的长度超过标准视野（1.382mm）的 1/6 或三根菌丝总长度超过标准视野的 1/6（即测微器的一格）时记录为阳性（+），否则记录为阴性（-）。

2. 报告

报告每 100 个视野中全部阳性视野数为霉菌的视野百分数（视野%）。

（七）注意事项

1. 检样制备

检样制备时加蒸馏水必须稀释到合适的浓度或折光指数，可以用糖度计或折光仪测定浓度或折光指数。如果折光指数过大或过小，须加水或样品，直至配成标准溶液，才能进行检验。

2. 标准视野的调节

霍德华霉菌计测用的显微镜，要求物镜放大倍数为 90～125 倍，其视野直径的实际长度为 1.382，则该视野为标准视野。

标准视野的检查方法：将载玻片放在载物台上，配片置于目镜的光栏孔上，然后观察。标准视野需要具备两个调节：载玻片上相距 1.382mm 的两条平行线与视野相切；配片（测微器）的大方格四边也与视野相切。如果发现上述两条件，其中有一条不符合，须校正后再使用。

3. 涂片

判读涂片是否擦干净，可以将盖玻片置于载玻片的两条突脊上观察盖玻片与载玻片突脊的接触处是否产生牛顿环，如果没有产生牛顿环，表明没有擦干净，必须重洗擦洗，直至产生牛顿环，方可使用。

思考与测试

（1）食品中霉菌和酵母菌检验的卫生学意义是什么？
（2）简述食品中霉菌和酵母菌平板计数法检验的基本步骤。

课程思政案例

牛奶黄曲霉毒素 M₁ 超标事件

粮食中黄曲霉毒素 B1 测定视频

任务四　食品中乳酸菌检验

☞ **知识目标**
（1）熟悉乳酸菌的形态特征。
（2）了解乳酸菌的生理功能。
（3）掌握食品中乳酸菌检验的方法。

食品中乳酸菌检验

☞ **能力目标**
（1）能检验发酵乳制品乳酸菌数。
（2）能评价食品中乳酸菌数检验结果。

乳酸菌是一类能发酵利用糖类物质而产生大量乳酸、需氧和兼性厌氧、多数无动力、过氧化氢酶阴性、革兰氏阳性的无芽孢杆菌和球菌。乳酸菌是一群相当庞杂的细菌,目前至少可分为 23 个属,共有 200 多种。这类细菌在自然界分布广泛,在工业、农业和医药等与人类生活密切相关的重要领域中有很高的应用价值。在含糖丰富的食品中,因其不断产生乳酸使得环境变酸而杀死其他不耐酸的细菌。与食品工业密切相关的乳酸菌主要有乳杆菌属、双歧杆菌属和嗜热链球菌属。乳酸菌也是一种生存于人类肠道中的益生菌,其中绝大部分都是人体内必不可少的且具有重要生理功能的菌群,对人体的健康和长寿起着重要的作用。

一、适用范围

食品中乳酸菌的检验按照《食品安全国家标准 食品微生物学检验 乳酸菌检验》(GB 4789.35—2016)进行,适用于含活性乳酸菌的食品中乳酸菌的检验,用于检验乳杆菌属、双歧杆菌属和嗜热链球菌属。乳酸菌的检验是教育部 1+X 食品检验管理中级证书微生物部分考核的内容。

二、检验原理

乳酸菌主要为乳杆菌属、双歧杆菌属、嗜热链球菌属。乳杆菌属形态多样,有长的、细长的、短杆状、棒状及弯曲状等;微好氧,在固体培养基上培养时,通常厌氧条件或充至 5%～10% CO_2 时,可增加其表面生长物;最适生长温度为 30～40℃。双歧杆菌属的细胞呈多形态,有棍棒状或匙形的,呈各种分枝、分叉形的,生长温度为 25～45℃,最适温度为 37～41℃。链球菌属一般呈短链或长链状排列,生长温度为 25～45℃,最适生长温度为 37℃。

三、设备和材料

设备和材料一览表如表 4-16 所示。

表 4-16 设备和材料一览表

序号	名称	作用
1	恒温培养箱(±1℃)	培养测试样品(36℃)
2	高压灭菌锅	培养基或生理盐水等灭菌
3	冰箱(±1℃)	2～5℃放置样品
4	恒温水浴箱(±1℃)	调节培养基温度为恒温 46℃±1℃
5	电子天平(感量为0.01g)	配制培养基
6	均质器	将样品与稀释液混合均匀
7	漩涡混合器	振摇试管或用手拍打混合均匀
8	1mL 无菌吸管或微量移液器及吸头(0.01mL)	吸取无菌生理盐水或稀释样液
9	10mL 无菌吸管(0.1mL)	吸取样液
10	250mL 无菌锥形瓶	盛放无菌生理盐水
11	500mL 无菌锥形瓶	盛放培养基
12	直径 90mm 无菌培养皿	测试样品
13	放大镜或(和)菌落计数器	菌落计数

四、培养基和试剂

乳酸菌检验用培养基如表 4-17 所示。

表 4-17　乳酸菌检验用培养基

培养基		内容
MRS（Man Rogosa Sharpe）培养基	成分	蛋白胨 10.0g，牛肉粉 5.0g，酵母粉 4.0g，葡萄糖 20.0g，吐温-80 1.0mL，磷酸氢二钾 2.0g，羧酸钠 5.0g，柠檬酸三铵 2.0g，硫酸镁 0.2g，硫酸锰 0.05g，琼脂粉 15.0g
	制法	将上述成分加入 1 000mL 蒸馏水中，加热溶解，调节 pH 值为 6.2±0.2，分装后 121℃ 高压灭菌 15~20min
莫匹罗星锂盐和半胱氨酸盐酸盐改良 MRS 培养基	成分	1. 莫匹罗星锂盐储备液制备：称取 50mg 莫匹罗星锂盐加入 50mL 蒸馏水中，用 0.22μm 微孔滤膜过滤除菌； 2. 半胱氨酸盐酸盐储备液制备：称取 250mg 半胱氨酸盐酸盐加入 50mL 蒸馏水中，用 0.22μm 微孔滤膜过滤除菌
	制法	将 MRS 培养基成分加入 950mL 蒸馏水中，加热溶解，调节 pH 值，分装后 121℃ 高压灭菌 15~20min。临用时加热熔化琼脂，在水浴中冷至 48℃，用带有 0.22μm 微孔滤膜的注射器将莫匹罗星锂盐储备液及半胱氨酸盐酸盐储备液加入熔化琼脂中，使培养基中莫匹罗星锂盐的浓度为 50μg/mL，半胱氨酸盐酸盐的浓度为 500μg/mL
MC（Modified Chalmers）培养基	成分	大豆蛋白胨 5.0g，牛肉粉 3.0g，酵母粉 3.0g，葡萄糖 20.0g，乳糖 20.0g，碳酸钙 10.0g，琼脂 15.0g，蒸馏水 1 000mL，1%中性红溶液 5.0mL
	制法	将上述 7 种成分加入蒸馏水中，加热溶解，调节 pH 值为 6.0±0.2，加入中性红溶液。分装后 121℃ 高压灭菌 15~20min
乳酸杆菌糖发酵管	成分	牛肉膏 5.0g，蛋白胨 5.0g，酵母浸膏 5.0g，吐温-80 0.5mL，琼脂 1.5g，1.6%溴甲酚紫乙醇溶液 1.4mL，蒸馏水 1 000mL
	制法	按 0.5%加入所需糖类，并分装小试管，121℃ 高压灭菌 15~20min
七叶苷培养基	成分	蛋白胨 5.0g，磷酸氢二钾 1.0g，七叶苷 3.0g，枸橼酸铁 0.5g，1.6%溴甲酚紫乙醇溶液 1.4mL，蒸馏水 100mL
	制法	将上述成分加入蒸馏水中，加热溶解，121℃ 高压灭菌 15~20min

革兰氏染液（直接购买），生理盐水：8.5g 氯化钠加入 1 000mL 蒸馏水，搅拌至完全溶解，分装 121℃ 灭菌 15min。

五、操作步骤

乳酸菌检验程序如图 4-6 所示。

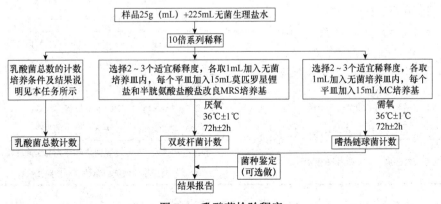

图 4-6　乳酸菌检验程序

1. 样品制备

（1）样品的全部制备过程均应遵循无菌操作程序。

（2）冷冻样品可先使其在 2~5℃解冻，时间不超过 18h，也可在温度不超过 45℃的条件解冻，时间不超过 15min。

（3）固体和半固体食品。以无菌操作称取 25g 样品，置于装有 225mL 生理盐水的无菌均质杯内，于 8 000~10 000r/min 均质 1~2min，制成 1∶10 样品匀液；或置于 225mL 生理盐水的无菌均质袋中，用拍击式均质器拍打 1~2min 制成 1∶10 的样品匀液。

（4）液体样品。液体样品应先将其充分摇匀后以无菌吸管吸取样品 25mL 放入装有 225mL 生理盐水的无菌锥形瓶（瓶内预置适当数量的无菌玻璃珠）中，充分振摇，制成 1∶10 的样品匀液。

2. 检验

（1）用 1mL 无菌吸管或微量移液器吸取 1∶10 样品匀液 1mL，沿管壁缓慢注于装有 9mL 生理盐水的无菌试管中（注意吸管尖端不要触及稀释液），振摇试管或换用 1 支无菌吸管反复吹打使其混合均匀，制成 1∶100 的样品匀液。

（2）另取 1mL 无菌吸管或微量移液器吸头，按上述操作顺序，做 10 倍递增样品匀液，每递增稀释一次，即换用 1 次 1mL 灭菌吸管或吸头。

（3）乳酸菌计数。

① 乳酸菌总数。乳酸菌总数计数培养条件的选择及结果说明见表 4-18。

表 4-18　乳酸菌总数计数培养条件的选择及结果说明

样品中所包括乳酸菌菌属	培养条件的选择及结果说明
仅包括双歧杆菌属	按 GB4789.34 的规定执行
仅包括乳杆菌属	按照④操作，结果即为乳杆菌属总数
仅包括嗜热链球菌	按照③操作，结果即为嗜热链球菌总数
同时包括双歧杆菌和乳杆菌属	1）按照④操作，结果即为乳酸菌总数 2）如需单独计数双歧杆菌属数目，按照②操作
同时包括双歧杆菌和嗜热链球菌	1）按照②和③操作，二者结果之和即为乳酸菌总数 2）如需单独计数双歧杆菌属数目，按照②操作
同时包括乳杆菌属和嗜热链球菌	1）按照③和④操作，二者结果之和即为乳酸菌总数 2）按照③操作，结果为嗜热链球菌总数 3）按照④操作，结果为乳杆菌属总数
同时包括双歧杆菌属、乳杆菌属和嗜热链球菌	1）按照③和④操作，二者结果之和即为乳酸菌总数 2）如需单独计数双歧杆菌属数目，按照②操作

② 双歧杆菌计数。根据对待检样品双歧杆菌含量的估计，选择 2~3 个连续的适宜

稀释度，每个稀释度吸取 1mL 样品匀液于灭菌平皿内,每个稀释度做两个平皿。稀释液移入平皿后，将冷却至 48℃的莫匹罗星锂盐和半胱氨酸盐酸盐改良的 MRS 培养基倾注入平皿约 15mL，转动平皿使混合均匀。36℃±1℃，厌氧培养 72h±2h，培养后计数平板上的所有菌落数。从样品稀释到平板倾注要求在 15min 内完成。

③ 嗜热链球菌计数。根据待检样品嗜热链球菌活菌数的估计，选择 2～3 个连续的适宜稀释度，每个稀释度吸取 1mL 样品匀液于灭菌平皿内,每个稀释度做两个平皿。稀释液移入平皿后，将冷却至 48℃的 MC 培养基倾注入平皿约 15mL，转动平皿使混合均匀。36℃±1℃，需氧培养 72h±2h，培养后计数。嗜热链球菌在 MC 琼脂平板上的菌落特征为：菌落中等偏小，边缘整齐光滑的红色菌落，直径 2mm±1mm，菌落背面为粉红色。从样品稀释到平板倾注要求在 15min 内完成。

④ 乳杆菌计数。根据待检样品活菌总数的估计，选择 2～3 个连续的适宜稀释度，每个稀释度吸取 1mL 样品匀液于灭菌平皿内，每个稀释度做 2 个平皿。稀释液移入平皿后，将冷却至 48℃的 MRS 培养基倾注入平皿约 15mL，转动平皿使混合均匀。36℃±1℃ 厌氧培养 72h±2h。从样品稀释到平板倾注要求在 15min 内完成。

六、结果与报告

1. 菌落计数

可用肉眼观察，必要时用放大镜或菌落计数器，记录稀释倍数和相应的菌落数量。菌落计数以菌落形成单位（colony-forming units，CFU）表示。

（1）选取菌落数在 30～300CFU、无蔓延菌落生长的平板计数菌落总数。小于 30CFU 的平板记录具体菌落数，大于 300CFU 的可记录为多不可计。每个稀释度的菌落数应采用两个平板的平均数。

（2）其中一个平板有较大片状菌落生长时，则不宜采用，而应以无片状菌落生长的平板作为该稀释度的菌落数；若片状菌落不到平板的一半，而其余一半中菌落分布又很均匀，即可计算半个平板后乘以 2，代表一个平板菌落数。

（3）当平板上出现菌落间无明显界线的链状生长时，则将每条单链作为一个菌落计数。

2. 结果的表述

（1）若只有一个稀释度平板上的菌落数在适宜计数范围内，计算 2 个平板菌落数的平均值，再将平均值乘以相应稀释倍数，作为每 1g（mL）中菌落总数结果。

（2）若有两个连续稀释度的平板菌落数在适宜计数范围内时，按下列公式计算：

$$N=\sum C / (n_1+0.1n_2) d$$

式中，N——样品中菌落数；

$\sum C$——平板（含适宜范围菌落数的平板）菌落数之和；

n_1——第一稀释度（低稀释倍数）平板个数；

n_2——第二稀释度（高稀释倍数）平板个数；

d——稀释因子（第一稀释度）。

（3）若所有稀释度的平板上菌落数均大于 300CFU，则对稀释度最高的平板进行计数，其他平板可记录为多不可计，结果按平均菌落数乘以最高稀释倍数计算。

（4）若所有稀释度的平板菌落数均小于 30CFU，则应按稀释度最低的平均菌落数乘以稀释倍数计算。

（5）若所有稀释度（包括液体样品原液）平板均无菌落生长，则以小于 1 乘以最低稀释倍数计算。

（6）若所有稀释度的平板菌落数均不在 30～300CFU，其中一部分小于 30CFU 或大于 300CFU 时，则以最接近 30CFU 或 300CFU 的平均菌落数乘以稀释倍数计算。

3. 菌落数的报告

（1）菌落数小于 100CFU 时，按"四舍五入"原则修约，以整数报告。

（2）菌落数大于或等于 100CFU 时，第三位数字采用"四舍五入"原则修约后，取前 2 位数字，后面用 0 代替位数；也可用 10 的指数形式来表示，按"四舍五入"原则修约后，采用 2 位有效数字。

（3）称重取样以 CFU/g 为单位报告，体积取样以 CFU/mL 为单位报告。

七、注意事项

1. 乳酸菌总数计数培养条件的选择及结果说明

样品中所包括乳酸菌菌属培养条件的选择及结果说明；样品中仅包括双歧杆菌属，按《食品安全国家标准 食品微生物学检验 双歧杆菌检验》（GB 4789.34—2016）的规定执行；样品中仅包括乳杆菌属，按照乳杆菌计数操作，结果即为乳杆菌属总数；样品中仅包括嗜热链球菌，按照嗜热链球菌计数操作，结果即为嗜热链球菌总数；样品中同时包括双歧杆菌属和乳杆菌属，按照乳杆菌计数操作，结果即为乳酸菌总数；样品中同时包括双歧杆菌属和嗜热链球菌，按照双歧杆菌计数和嗜热链球菌计数操作，两者结果之和即为乳酸菌总数；样品中同时包括乳杆菌属和嗜热链球菌，按照乳杆菌计数和嗜热链球菌计数操作，两者结果之和即为乳酸菌总数；样品中同时包括双歧杆菌属、乳杆菌属和嗜热链球菌按照乳杆菌计数和嗜热链球菌计数操作，两者结果之和即为乳酸菌总数。

2. 乳酸菌的鉴定

（1）双歧杆菌的鉴定按照 GB 4789.34—2016 的规定操作。双歧杆菌在改良 MRS 平板上的菌落特征为：平皿底为黄色，菌落中等大小，瓷白色，边缘整齐光滑，菌落呈圆形，直径为 2.0mm±1mm。

（2）乳酸菌属的鉴定按照 GB 4789.35—2016 的规定操作。

（3）嗜热链球菌在 MC 平板上的菌落特征为菌落中等偏小、边缘整齐光滑的红色菌落，直径为 2mm±1mm，菌落背面为粉红色。

思考与测试

（1）乳酸菌饮料中检验乳酸菌的意义是什么？
（2）乳酸菌饮料中乳酸菌总数计数培养条件的选择依据是什么？
（3）简述不同乳酸菌在不同培养基上的菌落特征差异。

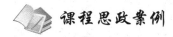

小菌种与大产业

任务五　罐头食品商业无菌检验

> ☞ **知识目标**
> （1）了解《食品安全国家标准　食品微生物学检验　商业无菌检验》（GB 4789.26—2013）。
> （2）熟悉商业无菌检验的概念。
> （3）掌握商业无菌检验的依据与操作步骤。
> （4）掌握商业无菌检验的结果表述及记录方法。
>
>
>
> 罐头食品商业无菌检验
>
> ☞ **能力目标**
> （1）能查阅与解读 GB 4789.26—2013，并能进行标准比对工作。
> （2）能根据企业产品类型确定商业无菌的检验方案。
> （3）能根据检验方案完成罐头类食品商业无菌检验的标准操作程序。
> （4）能按要求准确完成罐头类食品商业无菌的检验与记录。
> （5）能分析处理与判定检验结果、按格式要求撰写微生物检验报告。

罐头食品经过热杀菌以后，不含有致病的微生物，也不含有在通常温度下能在其中繁殖的非致病性微生物，这种状态称作商业无菌。

罐头类食品根据其杀菌后内容物 pH 值大小可以分为两类，即低酸性罐藏食品和酸性罐藏食品。低酸性罐藏食品是指除酒精饮料以外，凡杀菌后平衡 pH 值大于 4.6，水分活度大于 0.85 的罐藏食品，原来是低酸性的水果、蔬菜或蔬菜制品，为加热杀菌的需要而加酸降低 pH 值的，属于酸化的低酸性罐藏食品。酸性罐藏食品是指杀菌后平衡 pH 值等于或小于 4.6 的罐藏食品，pH 值小于 4.7 的番茄、梨和菠萝及由其制成的汁，以及 pH 值小于 4.9 的无花果均属于酸性罐藏食品。

一、适用范围

按照《食品安全国家标准　食品微生物学检验　商业无菌检验》（GB 4789.26—2013），该法适用于罐头类食品的商业无菌检验。

二、检验原理

样品经保温实验未出现泄漏，保温后开启，经感官检验、pH 值测定、涂片镜检，确证无微生物增殖现象，则可报告该样品为商业无菌。样品经保温实验出现泄漏，保温后开启，经感官检验、pH 值测定、涂片镜检，确证有微生物增殖现象，则可报告该样品为非商业无菌。若需核查样品出现膨胀、pH 值或感官异常、微生物增殖等原因，可取样品内容物的留样进行接种培养。若需判定样品包装容器是否出现泄漏，可取开启后的样品按照异常原因分析方法进行密封性检查，并确定异常原因。

三、设备和材料

设备和材料一览表如表 4-19 所示。

表 4-19　设备和材料一览表

序号	名称	作用
1	恒温培养箱（±1℃）	30℃（酸性罐头样品保温测试），36℃（低酸性罐头保温测试），55℃，培养测试样品
2	高压灭菌锅	培养基或生理盐水等灭菌
3	冰箱（±1℃）	2～5℃，放置样品
4	恒温水浴箱（±1℃）	调节培养基温度为恒温 55℃±1℃
5	电子天平（感量为 0.1g）	配制培养基
6	均质器	将样品与稀释液混合均匀
7	振荡器	振摇试管或用手拍打混合均匀
8	电位 pH 计	pH 计精确度 0.05，pH 值测定
9	显微镜（10～100 倍）	镜检
10	灭菌吸管或一次性注射器	用于取样
11	灭菌容器	样品培养
12	开罐器和罐头打孔器	
13	真空泵	减压实验
14	空气压缩机	加压实验
15	超净工作台或百级洁净实验室	无菌操作

四、培养基和试剂

（1）无菌生理盐水：称取 8.5g 氯化钠溶于 1 000mL 蒸馏水中，121℃高压灭菌 15min。

（2）结晶紫染液：将 1.0g 结晶紫完全溶解于 20mL 95%乙醇中，再与 1% 80mL 草酸铵溶液混合。

（3）无水乙醇。

（4）含 4%碘的乙醇溶液：4g 碘溶于 100mL 的 70%乙醇溶液。

（5）样品若膨胀，异常原因分析检测用培养基。

表 4-20 为商业无菌检验异常原因分析用培养基。

表 4-20　商业无菌检验异常原因分析用培养基

溴甲酚紫葡萄糖肉汤	成分	蛋白胨 10.0g，肉浸膏 3.0g，葡萄糖 10.0g，氯化钠 5.0g，溴甲酚紫 0.04g（或 1.6%乙醇溶液 2.0mL），蒸馏水 1000.0mL
	制法	将除溴甲酚紫外的各成分加热搅拌溶解，校正 pH 值为 7.0±0.2，加入溴甲酚紫，分装于带有小倒管的试管中，每管 10mL，121℃高压灭菌 10min
庖肉培养基	成分	牛肉浸液 1000.0mL，蛋白胨 30.0g，酵母膏 5.0g，葡萄糖 3.0g，磷酸二氢钠 5.0g，可溶性淀粉 2.0g，碎肉渣适量
	制法	1. 称取新鲜除脂肪和筋膜的碎牛肉 500g，加蒸馏水 1 000mL 和 1mol/L 氢氧化钠溶液 25.0mL，搅拌煮沸 15min，充分冷却，除去表层脂肪，澄清，过滤，加水补足至 1 000mL，即为牛肉浸液。加入除碎肉渣外的各种成分，校正 pH 至 7.8±0.2。 2. 碎肉渣经水洗后晾至半干，分装 15mm×150mm 试管 2～3cm 高，每管加入还原铁粉 0.1～0.2g 或铁屑少许。将配制的液体培养基分装至每管内超过肉渣表面约 1cm。上面覆盖熔化的凡士林或液状石蜡 0.3～0.4cm，121℃灭菌 15min
营养琼脂	成分	蛋白胨 10.0g，牛肉膏 3.0g，氯化钠 5.0g，琼脂 15.0～20.0g，蒸馏水 1 000.0mL
	制法	将除琼脂以外的各成分溶解于蒸馏水内，加入 15%氢氧化钠溶液约 2mL，校正 pH 值为 7.2～7.4。加入琼脂，加热煮沸，使琼脂熔化。分装烧瓶或 13mm×130mm 试管，121℃高压灭菌 15min
酸性肉汤	成分	多价蛋白胨 5.0g，酵母浸膏 5.0g，葡萄糖 5.0g，磷酸二氢钾 5.0g，蒸馏水 1 000.0mL
	制法	将上述中各成分加热搅拌溶解，校正 pH 值为 5.0±0.2，121℃高压灭菌 15min
麦芽浸膏汤	成分	麦芽浸膏 15.0g，蒸馏水 1 000.0mL
	制法	将麦芽浸膏在蒸馏水中充分溶解，滤纸过滤，校正 pH 值为 4.7±0.2，分装，121℃灭菌 15min
沙氏葡萄糖琼脂	成分	蛋白胨 10.0g，琼脂 15.0g，葡萄糖 40.0g，蒸馏水 1 000.0mL
	制法	将各成分在蒸馏水中溶解，加热煮沸，分装在烧瓶中，校正 pH 值为 5.6±0.2，121℃高压灭菌 15min
肝小牛肉琼脂	成分	肝浸膏 50.0g，小牛肉浸膏 500.0g，胰蛋白胨 20.0g，新蛋白胨 1.3g，胰蛋白胨 1.3g，葡萄糖 5.0g，可溶性淀粉 10.0g，等离子酪蛋白 2.0g，氯化钠 5.0g，硝酸钠 2.0g，明胶 20.0g，琼脂 15.0g，蒸馏水 1 000.0mL
	制法	在蒸馏水中将各成分混合。校正 pH 值为 7.3±0.2，121℃灭菌 15min

（6）革兰氏染液。

五、操作步骤

罐头食品商业无菌检验程序如图 4-7 所示。

1. 样品准备

去除表面标签，在包装容器表面用防水的油性记号笔做好标记，并记录容器、编号、产品性状、泄漏情况、是否有小孔或锈蚀、压痕、膨胀及其他异常情况。

2. 称重

1kg 及以下的包装物精确到 1g，1kg 以上的包装物精确到 2g，10kg 以上的包装物精确到 10g，并记录。

3. 保温

（1）每个批次取 1 个样品置于 2~5℃冰箱内保存作为对照，将其余样品在 36℃±1℃下保温 10d。保温过程中应每天检查，如有膨胀或泄漏现象，应立即剔出，开启检查。（2）保温结束时，再次称重并记录，比较保温前后样品重量有无变化。如有变轻，表明样品发生泄漏。将所有包装物置于室温直至开启检查。

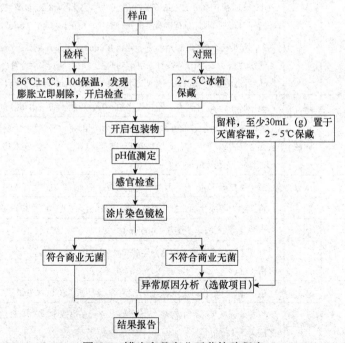

图 4-7 罐头食品商业无菌检验程序

4. 开启

（1）若有膨胀的样品，则将样品先置于 2~5℃冰箱内冷藏数小时后开启。

（2）若有膨胀，则用冷水和洗涤剂清洗待检样品的光滑面。水冲洗后用无菌毛巾擦干。以含 4%碘的乙醇溶液浸泡消毒光滑面 15min 后用无菌毛巾擦干，在密闭罩内点燃至表面残余的碘乙醇溶液全部燃烧完。膨胀样品及采用易燃包装材料包装的样品不能灼烧，以含 4%碘的乙醇溶液浸泡消毒光滑面 30min 后用无菌毛巾擦干。

（3）在超净工作台或百级洁净检验室中开启。带汤汁的样品开启前应适当振摇。使用无菌开罐器在消毒后的罐头光滑面开启一个适当大小的口，开罐时不得伤及卷边结构，每个罐头单独使用一个开罐器，不得交叉使用。如样品为软包装，可以使用灭菌剪刀开启，不得损坏接口处。立即在开口上方嗅闻气味，并记录。

5. 留样

开启后，用灭菌吸管或其他适当工具以无菌操作取出内容物至少 30mL（g）至灭菌容器内，保存于 2～5℃冰箱中，在需要时可用于进一步实验，待该批样品得出检验结论后可弃去。开启后的样品可进行适当的保存，以备日后容器检查时使用。

6. 感官检查

在光线充足、空气清洁无异味的检验室中，将样品内容物倾入白色搪瓷盘内，对产品的组织、形态、色泽和气味等进行观察和嗅闻，按压食品检查产品性状，鉴别食品有无腐败变质的迹象，同时观察包装容器内部和外部的情况，并记录。

7. pH 值测定

（1）样品处理。
① 液态制品混匀备用，有固相和液相的制品则取混匀的液相部分备用。
② 对于稠厚或半稠厚制品及难以从中分出汁液的制品（如糖浆、果酱、果冻、油脂等），取一部分样品在均质器或研钵中研磨，如果研磨后的样品仍太稠厚，加入等量的无菌蒸馏水，混匀备用。

（2）测定。
① 将电极插入被测试样液中，并将 pH 计的温度校正器调节到被测液的温度。如果仪器没有温度校正系统，被测试样液的温度应调到 20℃±2℃，采用适合于所用 pH 计的步骤进行测定。当读数稳定后，从仪器的标度上直接读出 pH 值，精确到 pH 值 0.05。
② 同一个制备试样至少进行 2 次测定。两次测定结果之差应不超过 pH 值 0.1。取两次测定的算术平均值作为结果，报告精确到 pH 值 0.05。

（3）分析结果。与同批中冷藏保存对照样品相比，比较是否有显著差异。pH 值相差 0.5 及以上判为显著差异。

8. 涂片染色镜检

（1）涂片。取样品内容物进行涂片。带汤汁的样品可用接种环挑取汤汁涂于载玻片上，固态食品可直接涂片或用少量灭菌生理盐水稀释后涂片，待干后用火焰固定。油脂性食品涂片自然干燥并火焰固定后，用二甲苯流洗，自然干燥。

(2)染色镜检。对上述涂片用结晶紫染液进行单染色，干燥后镜检，至少观察5个视野，记录菌体的形态特征及每个视野的菌数。与同批冷藏保存对照样品相比，判断是否有明显的微生物增殖现象。菌数有百倍或百倍以上的增长则判为明显增殖。

六、结果与报告

（1）样品经保温实验未出现泄漏；保温后开启，经感官检查、pH值测定、涂片镜检，确证无微生物增殖现象，则可报告该样品为商业无菌。

（2）样品经保温实验出现泄漏；保温后开启，经感官检查、pH值测定、涂片镜检，确证有微生物增殖现象，则可报告该样品为非商业无菌。

（3）若需核查样品出现膨胀、pH值或感官异常、微生物增殖等原因，可取样品内容物的留样按照《食品安全国家标准 食品微生物学检验 商业无菌检验》（GB 4789.26—2016）附录B进行接种培养并报告。若需判定样品包装容器是否出现泄漏，可取开启后的样品按照附录B进行密封性检查并报告。

七、注意事项

1. 低酸性罐藏食品的接种培养的异常原因分析

（1）对低酸性罐藏食品，每份样品接种4管预先加热到100℃并迅速冷却到室温的庖肉培养基内；同时接种4管溴甲酚紫葡萄糖肉汤。每管接种1~2mL（g）样品（液体样品为1~2mL，固体为1~2g，两者皆有时，应各取一半）。培养条件见表4-21。

表4-21 低酸性罐藏食品（pH值>4.6）异常原因分析接种及培养条件

培养基	管数	培养温度/℃	培养时间/h
庖肉培养基	2	36±1	96~120
	2	55±1	24~72
溴甲酚紫葡萄糖肉汤	2	55±1	24~48
	2	36±1	96~120

（2）经过表4-20规定的培养条件培养后，记录每管有无微生物生长。如果没有微生物生长，则记录后弃去。

（3）如果有微生物生长，以接种环沾取液体涂片，革兰氏染色镜检。如在溴甲酚紫葡萄糖肉汤管中观察到不同的微生物形态或单一的球菌、真菌形态，则记录并弃去。在庖肉培养基中未发现杆菌，培养物内含有球菌、酵母菌、霉菌或其混合物，则记录并弃去。将溴甲酚紫葡萄糖肉汤和庖肉培养基中出现生长的其他各阳性管分别划线接种2块肝小牛肉琼脂或营养琼脂平板，一块平板做需氧培养，另一平板做厌氧培养。培养程序见图4-8。

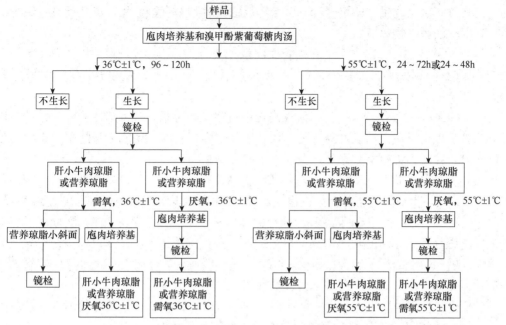

图 4-8　低酸性罐藏食品接种培养程序

（4）挑取需氧培养中单个菌落，接种于营养琼脂小斜面，用于后续的革兰氏染色镜检；挑取厌氧培养中的单个菌落涂片，革兰氏染色镜检。挑取需氧和厌氧培养中的单个菌落，接种于庖肉培养基，进行纯培养。

（5）挑取营养琼脂小斜面和厌氧培养的庖肉培养基中的培养物涂片镜检。

（6）挑取纯培养中的需氧培养物接种肝小牛肉琼脂或营养琼脂平板，进行厌氧培养；挑取纯培养中的厌氧培养物接种肝小牛肉琼脂或营养琼脂平板，进行需氧培养。以鉴别是否为兼性厌氧菌。

（7）如果需检测梭状芽孢杆菌的肉毒毒素，挑取典型菌落接种庖肉培养基做纯培养。36℃培养 5d，按照 GB 4789.12—2016 进行肉毒毒素检验。

2. 酸性罐藏食品的接种培养异常原因分析

（1）每份样品接种 4 管酸性肉汤和 2 管麦芽浸膏汤。每管接种 1～2mL（g）样品（液体样品为 1～2mL，固体为 1～2g，两者皆有时，应各取一半）。培养条件见表 4-22。

表 4-22　酸性罐藏食品（pH 值≤4.6）接种的酸性肉汤和麦芽浸膏汤

培养基	管数	培养温度/℃	培养时间/h
酸性肉汤	2	55±1	48
	2	30±1	96
麦芽浸膏汤	2	30±1	96

（2）经过表 4-22 中规定的培养条件培养后，记录每管有无微生物生长。如果没有微生物生长，则记录后弃去。

（3）对有微生物生长的培养管，取培养后的内容物的直接涂片，革兰氏染色镜检，记录观察到的微生物。

（4）如果在 30℃培养条件下在酸性肉汤或麦芽浸膏汤中有微生物生长，将各阳性管分别接种 2 块营养琼脂或沙氏葡萄糖琼脂平板，一块做需氧培养，另一块做厌氧培养。

（5）如果在 55℃培养条件下，酸性肉汤中有微生物生长，将各阳性管分别接种 2 块营养琼脂平板，一块做需氧培养，另一块做厌氧培养。对有微生物生长的平板进行染色涂片镜检，并报告镜检所见微生物型别。培养程序见图 4-9。

（6）挑取 30℃需氧培养的营养琼脂或沙氏葡萄糖琼脂平板中的单个菌落，接种营养琼脂小斜面，用于后续的革兰氏染色镜检。同时接种酸性肉汤或麦芽浸膏汤进行纯培养。挑取 30℃厌氧培养的营养琼脂或沙氏葡萄糖琼脂平板中的单个菌落，接种酸性肉汤或麦芽浸膏汤进行纯培养。挑取 55℃需氧培养的营养琼脂平板中的单个菌落，接种营养琼脂小斜面，用于后续的革兰氏染色镜检。同时接种酸性肉汤进行纯培养。挑取 55℃厌氧培养的营养琼脂平板中的单个菌落，接种酸性肉汤进行纯培养。

（7）挑取营养琼脂小斜面中的培养物涂片镜检。挑取 30℃厌氧培养的酸性肉汤或麦芽浸膏汤培养物和 55℃厌氧培养的酸性肉汤培养物涂片镜检。

（8）将 30℃需氧培养的纯培养物接种于营养琼脂或沙氏葡萄糖琼脂平板中进行厌氧培养，将 30℃厌氧培养的纯培养物接种于营养琼脂或沙氏葡萄糖琼脂平板中进行需氧培养，将 55℃需氧培养的纯培养物接种于营养琼脂中进行厌氧培养，将 55℃厌氧培养的纯培养物接种于营养琼脂中进行需氧培养，以鉴别是否为兼性厌氧菌。

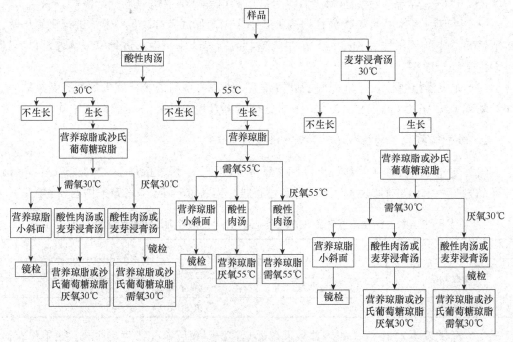

图 4-9　酸性罐藏食品接种培养程序

3. 结果分析

（1）如果在膨胀的样品里没有发现微生物的生长，膨胀可能是由于内容物和包装发生反应产生氢气造成的。产生氢气的量随储存的时间长短和存储条件而变化。填装过满也可能导致轻微的膨胀，可以通过称重来确定是否由于填装过满所致。在直接涂片中看到有大量细菌的混合菌相，但是经培养后不生长，表明杀菌前发生的腐败。由于密闭包装前细菌生长的结果，导致产品的pH值、气味和组织形态呈现异常。

（2）包装容器密封性良好时，在36℃培养条件下若只有芽孢杆菌生长，且它们的耐热性不高于肉毒梭菌，则表明生产过程中杀菌不足。

（3）培养出现杆菌和球菌、真菌的混合菌落，表明包装容器发生泄漏。也有可能是杀菌不足所致，但在这种情况下同批产品的膨胀率将很高。

（4）在36℃或55℃溴甲酚紫葡萄糖肉汤培养观察产酸产气情况，如有产酸，表明是有嗜中温的微生物，如嗜温耐酸芽孢杆菌，或者嗜热微生物，如嗜热脂肪芽孢杆菌生长。在55℃的庖肉培养基上有细菌生长并产气，发出腐烂气味，表明样品腐败是由嗜热的厌氧梭菌所致。在36℃庖肉培养基上生长并产生带腐烂气味的气体，镜检可见芽孢，表明腐败可能是由肉毒梭菌、生孢梭菌或产气荚膜梭菌引起的。有需要可以进一步进行肉毒毒素检测。

（5）酸性罐藏食品的变质通常是由于无芽孢的乳杆菌和酵母菌所致。一般pH值小于4.6的情况下不会发生由芽孢杆菌引起的变质，但变质的番茄酱或番茄汁罐头并不出现膨胀，但有腐臭味，伴有或不伴有pH值降低，一般是由于需氧的芽孢杆菌所致。

（6）许多罐藏食品中含有嗜热菌，在正常的储存条件下不生长，但当产品暴露于较高的温度（50～55℃）时，嗜热菌就会生长并引起腐败。嗜热耐酸的芽孢杆菌和嗜热脂肪芽孢杆菌分别在酸性和低酸性的食品中引起腐败但是并不出现包装容器膨胀。在55℃培养不会引起包装容器外观的改变，但会产生臭味，伴有或不伴有pH值的降低。番茄、梨、无花果和菠萝等类罐头的腐败变质有时是由于巴氏梭菌引起。嗜热解糖梭状芽孢杆菌就是一种嗜热厌氧菌，能够引起罐头膨胀和产品的腐烂气味。

嗜热厌氧菌也能产气，由于在细菌开始生长之后迅速增殖，可能混淆膨胀是由于氢气引起的还是嗜热厌氧菌产气引起的。化学物质分解将产生二氧化碳，尤其是集中发生在含糖和一些酸的食品如番茄酱、糖蜜、甜馅和高糖的水果的罐头中。这种分解速度随着温度上升而加快。

（7）灭菌的真空包装和正常的产品直接涂片，分离出任何微生物应该怀疑是在检验室中污染的。为了证实是否为检验室污染，在无菌的条件下接种该分离出的活的微生物到另一个正常的对照样品，密封，在36℃培养14d。如果发生罐头膨胀或产品变质，这些微生物就可能不是来自原始样品。如果样品仍然是平坦的，无菌操作打开样品包装并按上述步骤做再次培养；如果同一种微生物被再次发现并且产品是正常的，认为该产品为商业无菌，因为这种微生物在正常的保存和运送过程中不生长。

（8）如果食品本身发生浑浊，肉汤培养可能得不出确定性结论，这种情况需进一步培养以确定是否有微生物生长。

4. 镀锡薄钢板食品空罐密封性检验方法

（1）减压试漏。将样品包装罐洗净，36℃烘干。在烘干的空罐内注入清水至容积的80%～90%，将一带橡胶圈的有机玻璃板放置罐头开启端的卷边上，使其保持密封。启动真空泵，关闭放气阀，用手按住盖板，控制抽气，使真空表从 0 升到 $6.8×10^4$Pa（510mmHg）的时间在 1min 以上，并保持此真空度 1min 以上。倾斜并仔细观察罐体，尤其是卷边及焊缝处，有无气泡产生。凡同一部位连续产生气泡，应判断为泄漏，记录漏气的时间和真空度，并标注漏气部位。

（2）加压试漏。将样品包装罐洗净，36℃烘干。用橡皮塞将空罐的开孔塞紧，将空罐浸没在盛水的玻璃缸中，开动空气压缩机，慢慢开启阀门，使罐内压力逐渐加大，直至压力升至 $6.8×10^4$Pa 并保持 2min。仔细观察罐体，尤其是卷边及焊缝处，有无气泡产生。凡同一部位连续产生气泡应判断为泄漏，记录漏气开始的时间和压力，并标注漏气部位。

5. 严重膨胀的样品开罐时应注意事项

严重膨胀的样品开罐时可能会发生爆炸，喷出有毒物。可以采取在膨胀样品上盖一条灭菌毛巾或者用一个无菌漏斗倒扣在样品上等预防措施来防止这类危险的发生。

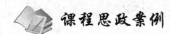

（1）罐头商业无菌检验的意义是什么？
（2）简述罐头商业无菌检验的操作步骤。
（3）简述低酸性罐头和酸性罐头异常原因分析的培养方法。

罐头类食品与商业无菌

项目五 食品中常见病原微生物检验

> **案例分析**
>
> 某焙烤食品生产企业,其中的一批蛋糕产品检出金黄色葡萄球菌,请分析引起蛋糕金黄色葡萄球菌污染的原因,并写出改进措施。

食品中常见病原微生物检验

任务一 金黄色葡萄球菌的检验

知识目标

（1）了解《食品安全国家标准 食品微生物学检验 金黄色葡萄球菌检验》（GB 4789.10—2016）。

（2）熟悉金黄色葡萄球菌的概念及卫生学意义。

（3）掌握金黄色葡萄球菌测定依据与步骤。

（4）掌握金黄色葡萄球菌的计数方法及结果记录。

（5）掌握金黄色葡萄球菌测定质控的关键步骤。

能力目标

（1）能查阅与解读 GB 4789.10—2016，并能进行标准比对工作。

（2）能根据企业产品类型确定金黄色葡萄球菌的检验方案。

（3）能根据检验方案完成金黄色葡萄球菌检验的标准操作程序。

（4）能按要求准确完成金黄色葡萄球菌的检验与记录。

（5）能分析处理与判定检验结果、按格式要求撰写微生物检验报告。

根据《伯杰氏鉴定细菌学手册》，按葡萄球菌的生理化学组成，金黄色葡萄球菌属于葡萄球菌属。葡萄球菌属分为金黄色葡萄球菌、表皮葡萄球菌和腐生葡萄球菌；其中金黄色葡萄球菌对人类有致病性，通常被称为病原性球菌。金黄色葡萄球菌可引起化脓性炎症，又称为化脓性球菌。

典型的金黄色葡萄球菌为球形，显微镜下排列成葡萄串状，革兰氏阳性、无鞭毛、无芽孢，无荚膜，大多数无荚膜，需氧或兼性厌氧。其最适生长温度为 30～37℃，最适生长 pH 值为 6～7；在普通营养琼脂平板上培养 18～24h，形成圆形隆起、边缘整齐、光滑湿润、不透明的菌落；可产生金黄色色素，色素为脂溶性，不溶于水，故色素只局限于菌落内；具有较强的抵抗力，加热至 80℃，保持 30min～1h 才能杀死；对磺胺类药物敏感性低,但对青霉素、红霉素等高度敏感;有高度的耐盐性,可在10%~15%氯化钠肉汤中生长;血平板菌落周围形成透明的溶血环。金黄色葡萄球菌大多数菌株分解葡萄糖、麦芽糖、蔗糖,产酸不产气,甲基红实验、VP试验多为阳性,不产生靛基质,触酶阳性。一般认为,血浆凝固阳性的金黄色葡萄球菌菌株有致病力,否则为无致病力的菌株,血浆凝固酶对热稳定,能抵抗60℃、30min而不被破坏,甚至100℃、30min后,仍能保存大部分活性。

金黄色葡萄球菌可产生溶血素、杀白细胞素、肠毒素、血浆凝固酶、DNA酶、溶纤维蛋白酶、脂肪酶等与本菌致病性有关的毒素和酶,它们均可增强金黄色葡萄球菌的毒力和侵袭力,与食物中毒有密切关系的主要是肠毒素。肠毒素可耐受100℃煮沸30min而不被破坏,中毒症状为急性胃肠炎症状,如恶心、反复呕吐,并伴有腔痛、头晕、腹泻等。

影响金黄色葡萄球菌肠毒素形成的因素有如下3种。①存放温度:温度越高,产毒时间越短[大于100CFU/g(mL)、21℃、3h];②存放地点:通风不良、氧分压低,易形成肠毒素;③食物种类:食物含蛋白质丰富,水分多,同时含一定量淀粉的食物,肠毒素易生成。

金黄色葡萄球菌污染途径包括如下4种原因。①食品加工人员、炊事员或销售人员带菌,造成食品污染;②食品在加工前本身带菌,或在加工过程中受到了污染,产生了肠毒素,引起食物中毒;③熟食制品包装不密封,运输过程中受到污染;④奶牛患化脓性乳腺炎或禽畜局部化脓时,对肉体其他部位的污染。

按照《食品安全国家标准 食品微生物学检验 金黄色葡萄球菌检验》(GB 4789.10—2016),该标准第一法适用于食品中金黄色葡萄球菌的定性检验;第二法适用于金黄色葡萄球菌含量较高的食品中金黄色葡萄球菌的计数。金黄色葡萄球菌的检验是农产品食品检验员(高级)证书微生物部分考核的内容,请参照考核要求进行任务操作。第三法适用于金黄色葡萄球菌含量较低的食品中金黄色葡萄球菌的计数,第三法在实际工作中使用较少。

一、金黄色葡萄球菌的定性检验

(一)适用范围

第二法适用于金黄色葡萄球菌含量较高的食品中金黄色葡萄球菌的计数。金黄色葡萄球菌的检验是农产品食品检验员(高级)证书微生物部分考核的内容。

金黄色葡萄球菌核酸检测试剂盒操作视频

(二)检验原理

葡萄球菌属目前有32种,寄生人体的有16种,大部分为腐生菌或寄生菌,也有一些致病的球菌,其中只有金黄色葡萄球菌能产生血浆凝固酶,称为血浆凝固酶阳性葡萄球菌。

该菌营养要求不高,在普通培养基上生长良好。需氧或兼性厌氧,最适生长温度为37℃,最适pH值为7.4,耐盐性强,在含10%~15%的氯化钠培养基中能生长,在含有20%~30%二氧化碳的环境中培养,可产生大量的毒素;在肉汤中呈浑浊生长,在胰酪胨大豆肉汤内有时液体澄清,菌量多时呈浑浊生长,血平板上菌落呈金黄色,有时也为白色,大而突起、圆形、不透明、表面光滑,周围有溶血圈。该菌在 Baird-Parker 平板上为圆形,湿润,直径为 2~3mm,颜色呈灰色到黑色,边缘色淡,周围为一浑浊带,在其外层有一透明圈,用接种针接触菌落,似有奶油树胶的硬度,偶然会遇到非脂肪溶解的类似菌落,但无浑浊带及透明带。长期保存的冷冻或干燥食品中能分离的菌落所产生的黑色较淡些,外观可能粗糙并干燥。

该属细菌大多数能利用乳糖、葡萄糖、麦芽糖、蔗糖和甘露醇,产酸不产气,甲基红反应为阳性,VP 实验为弱阳性,多数菌株可分解精氨酸产氨,水解尿素,还原硝酸盐,不产生吲哚。此外,致病菌还能液化明胶。

(三)设备和材料

设备和材料一览表如表 5-1 所示。

表 5-1 设备和材料一览表

序号	名称	作用
1	恒温培养箱(±1℃)	36℃,培养测试样品
2	高压灭菌锅	培养基或生理盐水等灭菌
3	冰箱(±1℃)	2~5℃,放置样品
4	恒温水浴箱(±1℃)	调节培养基温度为恒温 46℃±1℃
5	电子天平(感量为 0.1g)	配制培养基
6	均质器	将样品与稀释液混合均匀
7	振荡器	振摇试管或用手拍打混合均匀
8	1mL 无菌吸管或微量移液器及吸头(0.01mL)	吸取无菌生理盐水或稀释样液
9	10mL 无菌吸管(0.1mL)	吸取样液
10	100mL 无菌锥形瓶	盛放无菌生理盐水
11	500mL 无菌锥形瓶	盛放培养基
12	直径 90mm 无菌培养皿	测试样品
13	pH 计或 pH 比色管	调节 pH 值
14	精密 pH 试纸	调节 pH 值
15	涂布棒	平板涂布
16	放大镜和(或)菌落计数器	菌落计数

(四)培养基和试剂

(1)金黄色葡萄球菌检验用培养基如表 5-2 所示。

表 5-2 金黄色葡萄球菌检验用培养基

7.5%氯化钠肉汤	成分	蛋白胨 10.0g,牛肉膏 5.0g,氯化钠 75g,蒸馏水 1 000mL
	制法	将上述成分加热溶解,调节 pH 值为 7.4±0.2,分装,每瓶 225mL,121℃高压灭菌 15min
血琼脂平板	成分	豆粉琼脂(pH 值为 7.5±0.2)100mL,脱纤维羊血(或兔血)5~10mL
	制法	加热熔化琼脂,冷却至 50℃,以无菌操作加入脱纤维羊血,摇匀,倾注平板

Baird-Parker 琼脂平板	成分	胰蛋白胨 10.0g，牛肉膏 5.0g，酵母膏 1.0g，丙酮酸钠 10.0g，甘氨酸 12.0g，氯化锂 5.0g，琼脂 20.0g，蒸馏水 950mL
Baird-Parker 琼脂平板	制法	1. 增菌剂的配法：30%卵黄盐水 50mL 与通过 0.22μm 孔径滤膜进行过滤除菌的 1%亚碲酸钾溶液 10mL 混合，保存于冰箱内。 2. 将各成分加到蒸馏水中，加热煮沸至完全溶解，调节 pH 值为 7.0±0.2。分装每瓶 95mL，121℃高压灭菌 15min。临用时加热熔化琼脂，冷却至 50℃，每 95mL 加入预热至 50℃的卵黄亚碲酸钾增菌剂 5mL 摇匀后倾注平板。培养基应是致密不透明的。使用前在冰箱储存不得超过 48h
脑心浸出液肉汤（BHI）	成分	胰蛋白胨 10.0g，氯化钠 5.0g，磷酸氢二钠 2.5g，葡萄糖 2.0g，牛心浸出液 500mL
脑心浸出液肉汤（BHI）	制法	加热溶解，调节 pH 值为 7.4±0.2，分装 16mm×160mm 试管，每管 5mL 置 121℃，15min 灭菌
营养琼脂小斜面	成分	蛋白胨 10.0g，牛肉膏 3.0g，氯化钠 5.0g，琼脂 15.0～20.0g，蒸馏水 1 000mL
营养琼脂小斜面	制法	将除琼脂以外的各成分溶解于蒸馏水内，加入 15%氢氧化钠溶液约 2mL 调节 pH 值为 7.3±0.2，加入琼脂，加热煮沸，使琼脂熔化，分装 13mm×130mm 试管，121℃高压灭菌 15min

（2）兔血浆：取柠檬酸钠 3.8g，加蒸馏水 100mL，溶解后过滤，装瓶，121℃高压灭菌 15min。兔血浆制备：取 3.8%柠檬酸钠溶液 1 份，加兔全血 4 份，混好静置（或以 3 000r/min 离心 30min），使血液细胞下降，即可得血浆。

（3）革兰氏染液、无菌生理盐水、磷酸盐缓冲稀释液。

（五）操作步骤

金黄色葡萄球菌检验程序如图 5-1 所示。

1. 样品的处理

称取 25g 样品至盛有 225mL 7.5%氯化钠肉汤的无菌均质杯内，8 000～10 000r/min 均质 1～2min，或放入盛有 225mL 7.5%氯化钠肉汤无菌均质袋中，用拍击式均质器拍打 1～2min。若样品为液态，吸取 25mL 样品至盛有 225mL 7.5%氯化钠肉汤的无菌锥形瓶（瓶内可预置适当数量的无菌玻璃珠）中，振荡混匀。

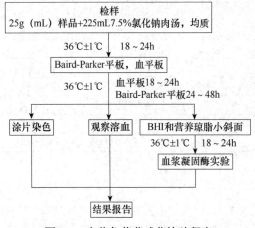

图 5-1　金黄色葡萄球菌检验程序

2. 增菌

将上述样品匀液于 36℃±1℃培养 18～24h。金黄色葡萄球菌在 7.5%氯化钠肉汤中呈浑浊生长。

3. 分离

将增菌后的培养物，分别划线接种到 Baird-Parker 平板和血平板，血平板 36℃±1℃

培养 18~24h。Baird-Parker 平板 36℃±1℃培养 24~48h。

4. 初步鉴定

金黄色葡萄球菌在 Baird-Parker 平板上呈圆形，表面光滑、凸起、湿润、菌落直径为 2~3mm，颜色呈灰黑色至黑色，有光泽，常有浅色（非白色）的边缘，周围绕以不透明圈（沉淀），其外常有一条清晰带。当用接种针触及菌落时具有黄油样黏稠感。有时可见到不分解脂肪的菌株，除没有不透明圈和清晰带外，其他外观基本相同。从长期储存的冷冻或脱水食品中分离的菌落，其黑色常较典型菌落浅些，且外观可能较粗糙，质地较干燥。在血平板上，形成菌落较大，圆形、光滑凸起、湿润、金黄色（有时为白色），菌落周围可见完全透明溶血圈。挑取上述可疑菌落进行革兰氏染色镜检及血浆凝固酶实验。

5. 确证鉴定

（1）染色镜检。金黄色葡萄球菌为革兰氏阳性球菌，排列呈葡萄球状，无芽孢，无荚膜，直径为 0.5~1μm。

（2）血浆凝固酶实验。挑取 Baird-Parker 平板或血平板上至少 5 个可疑菌落（小于 5 个全选），分别接种到 5mL BHI 和营养琼脂小斜面，36℃±1℃培养 18~24h。

取新鲜配制兔血浆 0.5mL，放入小试管中，再加入 BHI 培养物 0.2~0.3mL，振荡摇匀，置 36℃±1℃恒温培养箱或水浴箱内，每 0.5h 观察一次，观察 6h，如呈现凝固（即将试管倾斜或倒置时，呈现凝块）或凝固体积大于原体积的一半，被判定为阳性结果。同时以血浆凝固酶实验阳性和阴性葡萄球菌菌株的肉汤培养物作为对照。也可用商品化的试剂，按说明书操作，进行血浆凝固酶实验。

结果如可疑，挑取营养琼脂小斜面的菌落到 5mL BHI，36℃±1℃培养 18~48h，重复实验。

（六）结果与报告

1. 结果判定

在 Baird-Parker 平板和血平板菌落及血浆凝固酶阳性，可判定为金黄色葡萄球菌。

2. 结果报告

将样品中检出或未检出金黄色葡萄球菌结果填入表 5-3 中。

表 5-3 金黄色葡萄球菌检验结果记录

样品名称			检测编号		
检验日期		验讫日期		检验人	
平板分离	Baird-Parker 平板				
	血平板				
鉴定试验	革兰氏染色				
	血浆凝固酶实验				
结果报告					

二、金黄色葡萄球菌平板计数法

（一）适用范围

该法适用于金黄色葡萄球菌含量较高的食品中金黄色葡萄球菌的计数。

（二）检验原理

检验原理见金黄色葡萄球菌的定性检验。

（三）设备和材料

设备和材料见金黄色葡萄球菌的定性检验。

（四）培养基和试剂

培养基和试剂见金黄色葡萄球菌的定性检验。

（五）操作步骤

金黄色葡萄球菌平板计数法检验程序如图 5-2 所示。

图 5-2 金黄色葡萄球菌平板计数法检验程序

1. 样品的稀释

（1）固体和半固体样品：称取 25g 样品置于盛有 225mL 磷酸盐缓冲液或生理盐水的无菌均质杯内，8 000~10 000r/min 均质 1~2min，或置于盛有 225mL 稀释液的无菌均质袋中，用拍击式均质器拍打 1~2min，制成 1∶10 的样品匀液。

（2）液体样品：以无菌吸管吸取 25mL 样品置于盛有 225mL 磷酸盐缓冲液或生理盐水的无菌锥形瓶（瓶内预置适当数量的无菌玻璃珠）中，充分混匀，制成 1∶10 的样品匀液。

（3）用 1mL 无菌吸管或微量移液器吸取 1∶10 样品匀液 1mL，沿管壁缓慢注于盛有 9mL 磷酸盐缓冲液或生理盐水的无菌试管中（注意吸管或吸头尖端不要触及稀释液面），振摇试管或换用 1 支 1mL 无菌吸管反复吹打使其混合均匀，制成 1∶100 的样品匀液。

（4）依次制备 10 倍系列稀释样品匀液。每递增稀释一次，换用 1 次 1mL 无菌吸管或吸头。

2. 样品的接种

根据对样品污染状况的估计，选择 2~3 个适宜稀释度的样品匀液（液体样品可包括原液），在进行 10 倍递增稀释的同时，每个稀释度分别吸取 1mL 样品匀液以 0.3mL、0.3mL、0.4mL 接种量分别加入 3 块 Baird-Parker 平板，然后用无菌涂布棒涂布整个平板，注意不要触及平板边缘。接种前应注意平板的干燥（不可有小水珠），可放在 25~50℃ 的培养箱里干燥，直到平板表面的水珠消失。

3. 培养

在通常情况下，涂布后，将平板静置 10min，如样液不易吸收，可将平板放在培养箱 36℃±1℃培养 1h；等样品匀液吸收后翻转平板，倒置后于 36℃±1℃培养 24~48h。

4. 典型菌落计数和确认

（1）金黄色葡萄球菌在 Baird-Parker 平板上呈圆形，表面光滑、凸起、湿润、菌落直径为 2~3mm，颜色呈灰黑色至黑色，有光泽，常有浅色（非白色）的边缘，周围绕以不透明圈（沉淀），其外常有一条清晰带。当用接种针触及菌落时具有黄油样黏稠感。有时可见到不分解脂肪的菌株，除没有不透明圈和清晰带外，其他外观基本相同。从长期储存的冷冻或脱水食品中分离的菌落，其黑色常较典型菌落浅些，且外观可能较粗糙，质地较干燥。

（2）选择有典型的金黄色葡萄球菌菌落的平板，且同一稀释度 3 个平板所有菌落数合计在 20~200CFU 的平板，计数典型菌落数。

（3）从典型菌落中至少选 5 个可疑菌落（小于 5 个全选）分别做染色镜检、血浆凝固酶实验；同时划线接种到血平板 36℃±1℃培养 18~24h 后观察菌落形态，金黄色葡萄球菌菌落较大，圆形、光滑凸起、湿润、金黄色（有时为白色），菌落周围可见完全透明溶血圈。

（六）结果与报告

1. 结果计算

（1）选择合计菌落数在 20~200 的平板，计算典型菌落数。下列情况按照公式计算：

$$T=\frac{AB}{Cd}$$

式中，T——样品中金黄色葡萄球菌菌落数；
　　　A——某一稀释度典型菌落的总数；
　　　B——某一稀释度鉴定为阳性的菌落数；
　　　C——某一稀释度用于鉴定实验的菌落数；
　　　d——稀释因子。

① 若只有一个稀释度平板的菌落数在 20~200CFU 之间且有典型菌落，计数该稀释

度平板上的典型菌落。

② 若最低稀释度平板的菌落数小于 20CFU 且有典型菌落，计数该稀释度平板上的典型菌落。

③ 若某一稀释度平板的菌落数大于 200CFU 且有典型菌落，但下一稀释度平板上没有典型菌落，应计数该稀释度平板上的典型菌落。

④ 若某一稀释度平板的菌落数大于 200CFU 且有典型菌落，而下一稀释度平板上有典型菌落，但不在 20～200CFU，应计数该稀释度平板上的典型菌落。

将结果记录填入表 5-4 中。

表 5-4　结果记录

样品稀释液	10^{-1}
典型菌落数	65
用于做血浆凝固酶菌落数	5
血浆凝固酶阳性菌落数	4
结果计算	$T=\dfrac{AB}{Cd}=\dfrac{65\times 4}{5\times 0.1}=520$

（2）若 2 个连续稀释度的平板菌落数均为 20～200，按下列公式计算：

$$T=\dfrac{A_1B_1/C_1+A_2B_2/C_2}{1.1d}$$

式中，T——样品中金黄色葡萄球菌菌落数；

A_1——第一稀释度（低稀释倍数）典型菌落的总数；

B_1——第一稀释度（低稀释倍数）鉴定为阳性的菌落数；

C_1——第一稀释度（低稀释倍数）用于鉴定实验的菌落数；

A_2——第二稀释度（高稀释倍数）典型菌落的总数；

B_2——第二稀释度（高稀释倍数）鉴定为阳性的菌落数；

C_2——第二稀释度（高稀释倍数）用于鉴定实验的菌落数；

1.1——计算系数；

d——稀释因子（第一稀释度）。

将菌落总数结果填入表 5-5 中。

表 5-5　菌落总数结果记录

样品稀释液	10^{-1}	10^{-2}
典型菌落数	183	21
血浆凝固酶阳性菌落数	3	2
用于做血浆凝固酶菌落数	5	5
结果计算	10^{-1}	10^{-2}
样品稀释液	$T=\dfrac{A_1B_1/C_1+A_2B_2/C_2}{1.1d}=\dfrac{189\times 9/5+21\times 2/5}{1.1\times 0.1}=1\,100$	

2. 报告

根据计算结果，报告每 1g（mL）样品中金黄色葡萄球菌数，以 CFU/g（mL）表示；如 T 值为 0，则以小于 1 乘以最低稀释倍数报告。

（七）注意事项

（1）血浆凝固酶实验。

① 血浆凝固酶实验可选用人血浆或兔血浆。用人血浆出现凝固的时间短，约 93.6% 的阳性菌在 1h 内出现凝固。用兔血浆 1h 内出现凝固的阳性菌株仅达 86%，大部分菌株可在 6h 内出现凝固。

② 若被检菌为陈旧的培养物（超过 18～24h），或生长不良，可能造成凝固酶活性低，出现假阴性。

③ 不能使用甘露醇氯化钠琼脂上的菌落做血浆凝固酶的实验，因所有高盐培养基都可以抑制 A 蛋白的产生，造成假阴性结果。不要用力振摇试管，以免凝块振碎。

④ 实验必须设阳性（标准金黄色葡萄球菌）、阴性（白色葡萄球菌）、空白（肉汤）对照。

（2）当食品中检出金黄色葡萄球菌时，表明食品在加工处理过程中卫生条件较差，可能引起食物中毒。但当食品中未分离出金黄色葡萄球菌时，也不能证明食品中不存在葡萄球菌肠毒素。

 思考与测试

（1）金黄色葡萄球菌检验的卫生学意义是什么？
（2）简述金黄色葡萄球菌定性检验的操作步骤？
（3）写出金黄色葡萄球菌在 Baird-Parker 平板上的菌落特征。

 课程思政案例

日本雪印牛奶金黄色葡萄球菌食物中毒事件

任务二　沙门氏菌的检验

☞ **知识目标**

（1）了解《食品安全国家标准　食品微生物学检验　沙门氏菌检验》（GB 4789.4—2016）。

(2)熟悉沙门氏菌的概念及卫生学意义。

(3)掌握沙门氏菌的测定依据与步骤。

(4)掌握沙门氏菌测定质控的关键步骤。

☞ 能力目标

(1)能查阅与解读 GB 4789.4—2016,并能进行标准比对工作。

(2)能根据企业产品类型确定沙门氏菌的检验方案。

(3)能根据检验方案完成沙门氏菌检验的标准操作程序。

(4)能按要求准确完成沙门氏菌的检验与记录。

(5)能分析处理与判定检验结果,按格式要求撰写微生物检验报告。

沙门氏菌是一种常见的食源性致病菌,是引起人类和动物发病及食物中毒的主要病原菌之一。1885 年沙门氏等在霍乱流行时分离得到猪霍乱沙门氏菌,故定名为沙门氏菌属。沙门氏菌属有的专对人类致病,有的仅对动物致病,也有的对人和动物都致病。沙门氏菌病是指由各种类型沙门氏菌所引起的对人类、家畜及野生禽兽不同形式的总称。感染沙门氏菌的人或带菌者的粪便污染食品,可使人发生食物中毒。沙门氏菌病的病原体属肠杆菌科,革兰氏阴性肠道杆菌,无芽孢,一般无荚膜,除鸡瘟沙门菌和鸡沙门菌外均有动力,为周身鞭毛,并多数有菌毛,已发现的近 1 000 种(或菌株),按其抗原成分,可分为甲、乙、丙、丁、戊等基本菌组,其中与人体疾病有关的主要有甲组的副伤寒甲杆菌,乙组的副伤寒乙杆菌和鼠伤寒杆菌,丙组的副伤寒丙杆菌和猪霍乱杆菌,丁组的伤寒杆菌和肠炎杆菌等。除伤寒杆菌、副伤寒甲杆菌和副伤寒乙杆菌引起人类的疾病外,大多数沙门氏菌仅能引起家畜、鼠类和禽类等动物的疾病,但有时也可污染人类的食物而引起食物中毒。沙门氏菌引起的食物中毒常列榜首。

沙门氏菌广泛存在于自然环境中。通过沙门氏菌病患者或健康带菌的人和动物的排泄物污染环境和食品。沙门氏菌在粪便、土壤、食品、水中可生存 5 个月至 2 年之久。沙门氏菌最适繁殖温度为 37℃,最适 pH 值为 7.2~7.6,在 20℃以上即能大量繁殖,因此,低温储存食品是一项重要预防措施,易于污染的高危食物为畜禽肉类、蛋、奶及其制品。沙门氏菌在肉类中不分解蛋白质,不产生靛基质,所以当食品污染了沙门氏菌后,通常没有感官性状的改变。

沙门氏菌鉴定的传统方法主要是根据形态学特征、培养特征、生理生化特征、抗原特征、噬菌体特征等。

一、适用范围

根据 GB 4789.4—2016,该方法适用于食品中沙门氏菌的检验。沙门氏菌的检验是农产品食品检验员(高级)证书微生物部分考核的内容。

二、检验原理

食品中沙门氏菌的含量较少,且常由于食品加工过程使其受到损伤而处于濒死的状态。为了分离与检测食品中的沙门氏菌,对某些加工食品必须经过前增菌处理,用无选择性的培养基使处于濒死状态的沙门氏菌恢复其活力,再进行选择性增菌,使沙门氏菌得以增殖而大多数的其他细菌受到抑制,然后再进行分离鉴定。

沙门氏菌属是一群血清学上相关的需氧、无芽孢的革兰氏阴性杆菌,周身鞭毛,能运动,不发酵乳糖及蔗糖,不液化明胶,不产生靛基质,不分解尿素,能有规律地发酵葡萄糖并产酸产气。沙门氏菌属细菌由于不发酵乳糖,能在各种选择性培养基上生成特殊形态的菌落。大肠埃希菌由于发酵乳糖产酸而出现与沙门氏菌形态特征不同的菌落,如在 SS 琼脂平板上使中性红指示剂变红,菌落呈红色,借此可把沙门氏菌同大肠埃希菌相区别。根据沙门氏菌属的生化特征,借助于三糖铁、靛基质、尿素、KCN,赖氨酸等实验可与肠道其他菌属相鉴别。本菌属的所有菌种均有特殊的抗原结构,借此也可以把它们分辨出来。

三、设备和材料

设备和材料一览表如表 5-6 所示。

表 5-6 设备和材料一览表

序号	名称	作用
1	恒温培养箱(±1℃)	36℃,培养测试样品,预增菌和分离培养
2	恒温培养箱(±1℃)	42℃,培养测试样品,增菌培养
3	高压灭菌锅	培养基或生理盐水等灭菌
4	冰箱(±1℃)	2~5℃,放置样品
5	恒温水浴箱(±1℃)	调节培养基温度为恒温 46℃±1℃
6	电子天平(感量为0.1g)	配制培养基
7	均质器	将样品与稀释液混合均匀
8	振荡器	振摇试管或用手拍打混合均匀
9	1mL 无菌吸管或微量移液器及吸头(0.01mL)	吸取无菌生理盐水或稀释样液
10	10mL 无菌吸管及吸头(0.1mL)	吸取样液
11	250mL 无菌锥形瓶	盛放缓冲蛋白胨水(BPW)
12	500mL 无菌锥形瓶	盛放预增菌样品
13	直径 90mm、60mm 无菌培养皿	测试样品
14	无菌试管:3mm×50mm、10mm×75mm	
15	pH 计或 pH 比色管	调节 pH 值
16	精密 pH 试纸	调节 pH 值
17	全自动微生物生化鉴定系统	
18	无菌毛细管	

四、培养基和试剂

(1)培养基:沙门氏菌检验中需要 14 种培养基和一种显示剂,即蛋白胨水、靛基质试剂，具体配法详见表 5-7。

表 5-7　沙门氏菌检验用培养基和显色剂

缓冲蛋白胨水（BPW）	成分	蛋白胨 10.0g，氯化钠 5.0g，磷酸氢二钠（含 12 个结晶水）9.0g，磷酸二氢钾 1.5g，蒸馏水 1 000mL
	制法	将各成分加入蒸馏水中，搅混均匀，静置约 10min，煮沸溶解，调节 pH 值为 7.2±0.2，高压灭菌 121℃，15min
四硫磺酸钠煌绿（TTB）增菌液	成分	1. 基础液：蛋白胨 10.0g，牛肉膏 5.0g，氯化钠 3.0g，碳酸钙 45.0g，蒸馏水 1 000mL，除碳酸钙外，将各成分加入蒸馏水中，煮沸溶解，再加入碳酸钙，调节 pH 值为 7.0±0.2，高压灭菌 121℃，20min； 2. 硫代硫酸钠溶液：硫代硫酸钠（含 5 个结晶水）50.0g，蒸馏水加至 100mL 高压灭菌 121℃，20min； 3. 碘溶液：碘片 20.0g，碘化钾 25.0g，蒸馏水加至 100mL，将碘化钾充分溶解于少量的蒸馏水中，再投入碘片，振摇玻瓶至碘片全部溶解为止，然后加蒸馏水至规定的总量，储存于棕色瓶内，塞紧瓶盖备用； 4. 0.5%煌绿水溶液：煌绿 0.5g，蒸馏水 100mL，溶解后，存放暗处，不少于 1d，使其自然灭菌； 5. 牛胆盐溶液，牛胆盐 10.0g，蒸馏水 100mL，加热煮沸至完全溶解，高压灭菌 121℃，20min
	制法	基础液 900mL、硫代硫酸钠溶液 100mL、碘溶液 20.0mL、煌绿水溶液 2.0mL 和牛胆盐溶液 50.0mL，临用前，按上列顺序，以无菌操作依次加入基础液中，每加入一种成分，均应摇匀后再加入另一种成分
亚硒酸盐胱氨酸（SC）增菌液	成分	蛋白胨 5.0g，乳糖 4.0g，磷酸氢二钠 10.0g，亚硒酸氢钠 4.0g，L-胱氨酸 0.01g，蒸馏水 1 000mL
	制法	除亚硒酸氢钠和 L-胱氨酸外，将各成分加入蒸馏水中，煮沸溶解，冷至 55℃以下，以无菌操作加入亚硒酸氢钠和 1g/L L-胱氨酸溶液 10mL（称取 0.1g L-胱氨酸，加 1mol/L 氢氧化钠溶液 15mL，使溶解，再加无菌蒸馏水至 100mL 即成，如为 DL-胱氨酸，用量应加倍）。摇匀，调节 pH 值为 7.0±0.2
亚硫酸铋（BS）琼脂	成分	蛋白胨 10.0g，牛肉膏 5.0g，葡萄糖 5.0g，硫酸亚铁 0.3g，磷酸氢二钠 4.0g，煌绿 0.025g 或 5.0g/L 煌绿水溶液 5.0mL，柠檬酸铋铵 2.0g，亚硫酸钠 6.0g，琼脂 18.0～20.0g，蒸馏水 1 000mL
	制法	将前 3 种成分加入 300mL 蒸馏水中（制作基础液）中，硫酸亚铁和磷酸氢二钠分别加入 20mL 和 30mL 蒸馏水中，柠檬酸铋铵和亚硫酸钠分别加入另一 20mL 和 30mL 蒸馏水中，琼脂加入 600mL 蒸馏水中。然后分别搅拌均匀，煮沸溶解。冷却至 80℃左右时，先将硫酸亚铁和磷酸氢二钠混匀，倒入基础液中，混匀。将柠檬酸铋铵和亚硫酸钠混匀，倒入基础液中，再混匀。调节 pH 值为 7.5±0.2，随即倾入琼脂液中，混合均匀，冷至 50～55℃。加入煌绿水溶液，充分混匀后立即倾注平皿
	注意事项	本培养基不需要高压灭菌，在制备过程中不宜过分加热，避免降低其选择性，储于室温暗处，超过 48h 会降低其选择性，本培养基宜于当天制备，第二天使用
HE 琼脂（Hektoen Enteric Agar）	成分	1. 蛋白胨 12.0g，牛肉膏 3.0g，乳糖 12.0g，蔗糖 12.0g，水杨素 2.0g，胆盐 20.0g，氯化钠 5.0g，琼脂 18.0～20.0g，蒸馏水 1 000mL，0.4%溴麝香草酚蓝溶液 16.0mL，Andrade 指示剂 20.0mL； 2. 甲液 20.0mL：硫代硫酸钠 34.0g，柠檬酸铁铵 4.0g，蒸馏水 100mL； 3. 乙液 20.0mL：乙液的配制，去氧胆酸钠 10.0g，蒸馏水 100mL； 4. Andrade 指示剂：酸性复红 0.5g，1mol/L 氢氧化钠溶液 16.0mL，蒸馏水 100mL。将复红溶解于蒸馏水中，加入氢氧化钠溶液。数小时后如复红褪色不全，再加氢氧化钠溶液 1～2mL

续表

名称		内容
HE 琼脂 （Hektoen Enteric Agar）	制法	将蛋白胨 12.0g，牛肉膏 3.0g，乳糖 12.0g，蔗糖 12.0g，水杨素 2.0g，胆盐 20.0g，氯化钠 5.0g 七种成分溶解于 400mL 蒸馏水内作为基础液；将琼脂加入 600mL 蒸馏水内。然后分别搅拌均匀，煮沸溶解。加入甲液和乙液于基础液内，调节 pH 值为 7.5±0.2。再加入指示剂，并与琼脂液合并，待冷却至 50～55℃倾注平皿
	注意事项	本培养基不需要高压灭菌，在制备过程中不宜过分加热，避免降低其选择性
木糖赖氨酸脱氧胆盐（XLD）琼脂	成分	酵母膏 3.0g，L-赖氨酸 5.0g，木糖 3.75g，乳糖 7.5g，蔗糖 7.5g，去氧胆酸钠 2.5g，柠檬酸铁铵 0.8g，硫代硫酸钠 6.8g，氯化钠 5.0g，琼脂 15.0g，酚红 0.08g，蒸馏水 1 000mL
	制法	除酚红和琼脂外，将其他成分加入 400mL 蒸馏水中，煮沸溶解，调节 pH 值为 7.4±0.2。另将琼脂加入 600mL 蒸馏水中，煮沸溶解； 将上述两种溶液混合均匀后，再加入指示剂，待冷却至 50～55℃倾注平皿
	注意事项	本培养基不需要高压灭菌，在制备过程中不宜过分加热，避免降低其选择性，储于室温暗处。本培养基宜于当天制备，第二天使用
蛋白胨水、靛基质试剂	成分	1. 蛋白胨水： 蛋白胨（或胰蛋白胨）20.0g，氯化钠 5.0g，蒸馏水 1 000mL。 将上述成分加入蒸馏水中，煮沸溶解，调节 pH 值为 7.4±0.2，分装小试管，121℃高压灭菌 15min。 2. 靛基质试剂： （1）柯凡克试剂：将 5g 对二甲氨基甲醛溶解于 75mL 戊醇中，然后缓慢加入浓盐酸溶液 25mL； （2）欧-波试剂：将 1g 对二甲氨基苯甲醛溶解于 95mL 95%乙醇内。然后缓慢加入浓盐酸溶液 20mL
	实验方法	挑取小量培养物接种，在 36℃±1℃培养 1～2d，必要时可培养 4～5d。加入柯凡克试剂约 0.5mL，轻摇试管，阳性者于试剂层呈深红色；或加入欧-波试剂约 0.5mL，沿管壁流下，覆盖于培养液表面，阳性者于液面接触处呈玫瑰红色
三糖铁（TSI）琼脂	成分	蛋白胨 20.0g，牛肉膏 5.0g，乳糖 10.0g，蔗糖 10.0g，葡萄糖 1.0g，硫酸亚铁铵（含 6 个结晶水）0.2g，酚红 0.025g 或 5.0g/L 溶液 5.0mL，氯化钠 5.0g，硫代硫酸钠 0.2g，琼脂 12.0g，蒸馏水 1 000mL
	制法	除酚红和琼脂外，将其他成分加入 400mL 蒸馏水中，煮沸溶解，调节 pH 值为 7.4±0.2。另将琼脂加入 600mL 蒸馏水中，煮沸溶解； 将上述两种溶液混合均匀后，再加入指示剂，混匀，分装试管，每管 2～4mL，高压灭菌 121℃10min 或 115℃15min，灭菌后制成高层斜面，呈橘红色
尿素琼脂（pH 值为 7.2）	成分	蛋白胨 1.0g，氯化钠 5.0g，葡萄糖 1.0g，磷酸二氢钾 2.0g，0.4%酚红 3.0mL，琼脂 20.0g，蒸馏水 1 000mL，20%尿素溶液 100mL
	制法	除尿素、琼脂和酚红外，将其他成分加入 400mL 蒸馏水中，煮沸溶解，调节 pH 值为 7.2±0.2。另将琼脂加入 600mL 蒸馏水中，煮沸溶解； 将上述两种溶液混合均匀后，再加入指示剂后分装，121℃高压灭菌 15min。冷却至 50～55℃，加入经除菌过滤的尿素溶液。尿素的最终浓度为 2%。分装于无菌试管内，放成斜面备用
	实验方法	挑取琼脂培养物接种，在 36℃±1℃培养 24h，观察结果。尿素酶阳性者由于产碱而使培养基变为红色

续表

氰化钾（KCN）培养基	成分	蛋白胨 10.0g，氯化钠 5.0g，磷酸二氢钾 0.225g，磷酸氢二钠 5.64g，蒸馏水 1 000mL，0.5%氰化钾 20.0mL
	制法	将除氰化钾以外的成分加入蒸馏水中，煮沸溶解，分装后 121℃高压灭菌 15min。放在冰箱内使其充分冷却。每 100mL 培养基加入 0.5%氰化钾溶液 2.0mL（最后浓度为 1∶10 000），分装于无菌试管内，每管约 4mL，立刻用无菌橡皮塞塞紧，放在 4℃冰箱内，至少可保存 2 个月。同时，将不加氰化钾的培养基作为对照培养基，分装试管备用
	实验方法	将琼脂培养物接种于蛋白胨水内成为稀释菌液，挑取 1 环接种于氰化钾（KCN）培养基。并另挑取 1 环接种于对照培养基。在 36℃±1℃培养 1~2d，观察结果。如有细菌生长即为阳性（不抑制），经 2d 细菌不生长为阴性（抑制）
	注意事项	氰化钾是剧毒药，使用时应小心，切勿沾染，以免中毒。夏季分装培养基应在冰箱内进行。实验失败的主要原因是封口不严，氰化钾逐渐分解，产生氢氰酸气体逸出，以致药物浓度降低，细菌生长，因而造成假阳性反应。实验时对每一环节都要特别注意
赖氨酸脱羧酶实验培养基	成分	蛋白胨 5.0g，酵母浸膏 3.0g，葡萄糖 1.0g，蒸馏水 1 000mL，1.6%溴甲酚紫-乙醇溶液 1.0mL，L-赖氨酸或 DL-赖氨酸 0.5g/100mL 或 1.0g/100mL
	制法	除赖氨酸以外的成分加热溶解后，分装每瓶 100mL，分别加入赖氨酸。L-赖氨酸按 0.5%加入，DL-赖氨酸按 1%加入。调节 pH 值为 6.8±0.2。对照培养基不加赖氨酸。分装于无菌的小试管内，每管 0.5mL，上面滴加一层液状石蜡，115℃高压灭菌 10min
	实验方法	从琼脂斜面上挑取培养物接种，于 36℃±1℃培养 18~24h，观察结果。氨基酸脱羧酶阳性者由于产碱，培养基应呈紫色。阴性者无碱性产物，但因葡萄糖产酸而使培养基变为黄色。对照管应为黄色
糖发酵管	成分	牛肉膏 5.0g，蛋白胨 10.0g，氯化钠 3.0g，磷酸氢二钠（含 12 个结晶水）2.0g，0.2%溴麝香草酚蓝溶液 12.0mL，蒸馏水 1 000mL
	制法	1. 葡萄糖发酵管按上述成分配好后，调节 pH 值为 7.4±0.2。按 0.5%加入葡萄糖，分装于有一个倒置小管的小试管内，121℃高压灭菌 15min。 2. 其他各种糖发酵管可按上述成分配好后，分装每瓶 100mL，121℃高压灭菌 15min。另将各种糖类分别配好 10%溶液，同时高压灭菌。将 5mL 糖溶液加入于 100mL 培养基内，以无菌操作分装小试管
	注意事项	蔗糖不纯，加热后会自行水解者，应采用过滤法除菌。
	实验方法	从琼脂斜面上挑取小量培养物接种，于 36℃±1℃培养，一般 2~3d。迟缓反应需观察 14~30d
邻硝基酚 β-D 半乳糖苷（ONPG）培养基	成分	邻硝基酚 β-D-半乳糖苷（ONPG），60.0mg，0.01mol/L 磷酸钠缓冲液（pH 值为 7.5）10.0mL，1%蛋白胨水（pH 值为 7.5）30.0mL
	制法	将 ONPG 溶于缓冲液内，加入蛋白胨水，以过滤法除菌，分装于无菌的小试管内，每管 0.5mL，用橡皮塞塞紧
	实验方法	自琼脂斜面上挑取培养物 1 满环接种于 36℃±1℃培养 1~3h 和 24h 观察结果。如果 β-半乳糖苷酶产生，则于 1~3h 变黄色，如无此酶则 24h 不变色
半固体琼脂	成分	牛肉膏 0.3g，蛋白胨 1.0g，氯化钠 0.5g，琼脂 0.35~0.4g，蒸馏水 100mL
	制法	按以上成分配好，煮沸溶解，调节 pH 值为 7.4±0.2。分装小试管。121℃高压灭菌 15min。直立凝固备用
	注意事项	供动力观察、菌种保存、H 抗原位相变异实验等用

续表

丙二酸钠培养基	成分	酵母浸膏 1.0g，硫酸铵 2.0g，磷酸氢二钾 0.6g，磷酸二氢钾 0.4g，氯化钠 2.0g，丙二酸钠 3.0g，0.2%溴麝香草酚蓝溶液 12.0mL，蒸馏水 1 000mL
	制法	除指示剂以外的成分溶解于水，调节 pH 值为 6.8±0.2，再加入指示剂，分装试管，121℃ 高压灭菌 15min
	实验方法	用新鲜的琼脂培养物接种，于 36℃±1℃培养 48h，观察结果。阳性者由绿色变为蓝色

（2）沙门氏菌 O、H 和 Vi 诊断血清。

（3）生化鉴定试剂盒。

五、操作步骤

沙门氏菌检验程序如图 5-3 所示。

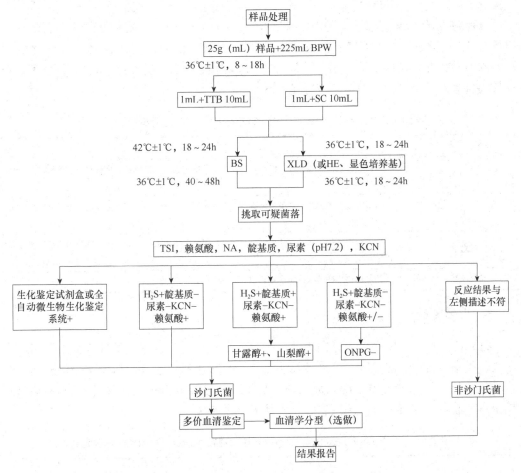

图 5-3 沙门氏菌检验程序

1. 预增菌

无菌操作称取 25g（mL）样品，置于盛有 225mL BPW 的无菌均质杯或合适容器内，以 8 000~10 000r/min 均质 1~2min，或置于盛有 225mL BPW 的无菌均质袋中，用拍击式均质器拍打 1~2min。若样品为液态，不需要均质，振荡混匀。如需调整 pH 值，用 1mol/mL 无菌氢氧化钠溶液或盐酸溶液调 pH 值为 6.8±0.2。无菌操作将样品转至 500mL 锥形瓶或其他合适容器内（如均质杯本身具有无孔盖，可不转移样品），如使用均质袋，可直接进行培养，于 36℃±1℃ 培养 8~18h。如为冷冻产品，应在 45℃ 以下不超过 15min，或 2~5℃ 不超过 18h 解冻。

2. 增菌

轻轻摇动培养过的样品混合物，移取 1mL，转种于 10mL TTB 内，于 42℃±1℃ 培养 18~24h。同时，另取 1mL，转种于 10mL SC 内，于 36℃±1℃ 培养 18~24h。

3. 分离

分别用直径 3mm 的接种环取增菌液 1 环，划线接种于一个 BS 平板和一个 XLD 平板（或 HE 平板或沙门氏菌属显色培养基平板），于 36℃±1℃ 分别培养 40~48h（BS 平板）或 18~24h（XLD 平板、HE 平板、沙门氏菌属显色培养基平板），观察各个平板上生长的菌落，各个平板上的菌落特征见表 5-8。

表 5-8 沙门氏菌属在不同选择性琼脂平板上的菌落特征

选择性琼脂平板	沙门氏菌
BS	菌落为黑色有金属光泽、棕褐色或灰色，菌落周围培养基可呈黑色或棕色；有些菌株为灰绿色
HE	菌落为蓝绿色或蓝色，多数菌落中心呈黑色或几乎全黑色；有些菌株为黄色，中心黑色或几乎全黑色
XLD	菌落呈粉红色，带或不带黑色中心，有些菌株可呈现大的带光泽的黑色中心，或呈现全部黑色
沙门氏菌属显色培养基	按照显色培养基的说明进行判定

4. 生化实验

（1）自选择性琼脂平板上分别挑取 2 个以上典型或可疑菌落，接种三糖铁琼脂，先在斜面划线，再于底层穿刺；接种针不要灭菌，直接接种赖氨酸脱羧酶实验培养基和营养琼脂平板，于 36℃±1℃ 培养 18~24h，必要时可延长至 48h。在三糖铁琼脂和赖氨酸脱羧酶实验培养基内，沙门氏菌属的反应结果见表 5-9。

表 5-9 沙门氏菌属在三糖铁琼脂和赖氨酸脱羧酶实验培养基内的反应结果

三糖铁琼脂				赖氨酸脱羧酶实验培养基	初步判断
斜面	底层	产气	硫化氢		
K	A	+（-）	+（-）	+	可疑沙门氏菌属
K	A	+（-）	+（-）	-	可疑沙门氏菌属

续表

三糖铁琼脂				赖氨酸脱羧酶实验培养基	初步判断
斜面	底层	产气	硫化氢		
A	A	+（−）	+（−）	+	可疑沙门氏菌属
A	A	+/−	+/−	−	非沙门氏菌
K	K	+/−	+/−	+/−	非沙门氏菌

注：K 表示产碱，A 表示产酸；+表示阳性，−表示阴性；+（−）表示多数阳性，少数阴性；+/−表示阳性或阴性。

（2）接种三糖铁琼脂和赖氨酸脱羧酶实验培养基的同时，可直接接种蛋白胨水（供做靛基质实验）、尿素琼脂（pH 值为 7.2）、氰化钾（KCN）培养基，也可在初步判断结果后从营养琼脂平板上挑取可疑菌落接种。于 36℃±1℃培养 18～24h，必要时可延长至 48h，按表 5-10 判定结果。将已挑菌落的平板储存于 2～5℃或室温至少保留 24h，以备必要时复查。

表 5-10 沙门氏菌属生化反应初步鉴别表

反应序号	硫化氢	靛基质	尿素	氰化钾	赖氨酸脱羧酶
A1	+	−	−	−	+
A2	+	+	−	−	+
A3	−	−	−	−	+/−

注：+表示阳性；−表示阴性；+/−表示阳性或阴性。

① 反应序号 A1：典型反应判定为沙门氏菌属。若尿素、KCN 和赖氨酸脱羧酶 3 项中有 1 项异常，按表 5-11 可判定为沙门氏菌；若有 2 项异常为非沙门氏菌。

表 5-11 沙门氏菌属生化反应初步鉴别表

pH 值为 7.2 的尿素	氰化钾	赖氨酸脱羧酶	判定结果
−	−	−	甲型副伤寒沙门氏菌（要求血清学鉴定结果）
−	+	+	沙门氏菌Ⅳ或Ⅴ（要求符合本群生化特性）
+	−	+	沙门氏菌个别变体（要求血清学鉴定结果）

注：+表示阳性；−表示阴性。

② 反应序号 A2：补做甘露醇和山梨醇实验，沙门氏菌靛基质阳性变体两项实验结果均为阳性，但需要结合血清学鉴定结果进行判定。

③ 反应序号 A3：补做 ONPG。ONPG 阴性为沙门氏菌，同时赖氨酸脱羧酶阳性，甲型副伤寒沙门氏菌为赖氨酸脱羧酶阴性。

④ 必要时按表 5-12 进行沙门氏菌生化群的鉴别。

表 5-12 沙门氏菌属各生化群的鉴别

项目	Ⅰ	Ⅱ	Ⅲ	Ⅳ	Ⅴ	Ⅵ
卫矛醇	+	+	−	−	+	−
山梨醇	+	+	+	+	+	−

续表

项目	I	II	III	IV	V	VI
水杨苷	−	−	−	+	−	−
ONPG	−	−	+	−	+	−
丙二酸盐	−	+	+	−	−	−
KCN	−	−	−	+	+	−

注：+表示阳性；−表示阴性。

（3）若选择生化鉴定试剂盒或全自动微生物生化鉴定系统，根据表 5-8 的初步判断结果，从营养琼脂平板上挑取可疑菌落，用生理盐水制备成浊度适当的菌悬液，使用生化鉴定试剂盒或全自动微生物生化鉴定系统进行鉴定。

5. 血清学鉴定

（1）检查培养物有无自凝性。一般采用 1.2%～1.5%琼脂培养物作为玻片凝集实验用的抗原。首先排除自凝集反应，在洁净的玻片上滴加一滴生理盐水，将待测培养物混合于生理盐水滴内，使成为均一性的浑浊悬液，将玻片轻轻摇动 30～60s，在黑色背景下观察反应（必要时用放大镜观察），若出现可见的菌体凝集，即认为有自凝性，反之无自凝性。对无自凝的培养物参照下面方法进行血清学鉴定。

（2）多价菌体抗原（O）鉴定。在玻片上划出 2 个约 1cm×2cm 的区域，挑取 1 环待测菌，各放 1/2 环于玻片上的每一区域上部，在其中一个区域下部加 1 滴多价菌体（O）抗血清，在另一区域下部加入 1 滴生理盐水，作为对照。再用无菌的接种环或针分别将两个区域内的菌苔研成乳状液。将玻片倾斜摇动混合 1min，并对着黑暗背景进行观察，任何程度的凝集现象皆为阳性反应。O 血清不凝集时，将菌株接种在琼脂量较高的（如 2%～3%）培养基上再检查；如果是由于 Vi 抗原的存在而阻止了 O 凝集反应时，可挑取菌苔于 1mL 生理盐水中做成浓菌液，于酒精灯火焰上煮沸后再检查。

（3）多价鞭毛抗原（H）鉴定。操作同多价菌体抗原（O）鉴定步骤。H 抗原发育不良时，将菌株接种在 0.55%～0.65%半固体琼脂平板的中央，待菌落蔓延生长时，在其边缘部分取菌检查；或将菌株通过接种装有 0.3%～0.4%半固体琼脂的小玻管 1～2 次，自远端取菌培养后再检查。

6. 血清学分型（选做项目）

（1）O 抗原的鉴定。用 A～F 多价 O 血清做玻片凝集实验，同时用生理盐水做对照。在生理盐水中自凝者为粗糙型菌株，不能分型。

被 A～F 多价 O 血清凝集者，依次用 O4；O3、O10；O7；O8；O9；O2 和 O11 因子血清做凝集实验。根据实验结果，判定 O 群。被 O3、O10 血清凝集的菌株，再用 O10、O15、O34、O19 单因子血清做凝集实验，判定 E1、E4 各亚群，每一个 O 抗原成分的最后确定均应根据 O 单因子血清的检查结果，没有 O 单因子血清的要用 2 个 O 复合因子血清进行核对。

不被 A～F 多价 O 血清凝集者，先用 9 种多价 O 血清检查，如有其中一种血清凝集，则用这种血清所包括的 O 群血清逐一检查，以确定 O 群。每种多价 O 血清所包括的 O 因子如下：

O 多价 1 A，B，C，D，E，F 群（并包括 6，14 群）
O 多价 2 13，16，17，18，21 群
O 多价 3 28，30，35，38，39 群
O 多价 4 40，41，42，43 群
O 多价 5 44，45，47，48 群
O 多价 6 50，51，52，53 群
O 多价 7 55，56，57，58 群
O 多价 8 59，60，61，62 群
O 多价 9 63，65，66，67 群

（2）H 抗原的鉴定。属于 A～F 各 O 群的常见菌型，依次用表 5-13 所述 H 因子血清检查第 1 相和第 2 相的 H 抗原。

表 5-13　A～F 群常见菌型 H 抗原表

O 群	第 1 相	第 2 相
A	a	无
B	g, f, s	无
B	i, b, d	2
C1	k, v, r, c	5, z_{15}
C2	b, d, r	2, 5
D（不产气的）	D	无
D（产气的）	g, m, p, q	无
E1	h, v	6, w, x
E4	g, s, t	无
E4	i	无

不常见的菌型，先用 8 种多价 H 血清检查，如有其中一种或两种血清凝集，则再用这一种或两种血清所包括的各种 H 因子血清逐一检查，以第 1 相和第 2 相的 H 抗原。8 种多价 H 血清所包括的 H 因子如下：

H 多价 1 a，b，c，d，i
H 多价 2 eh，enx，enz_{15}，fg，gms，gpu，gp，gq，mt，gz_{51}
H 多价 3 k，r，y，z，z_{10}，lv，lw，lz_{13}，lz_{28}，lz_{40}
H 多价 4 1，2；1，5；1，6；1，7；z_6
H 多价 5 Z_4Z_{23}，Z_4Z_{24}，Z_4Z_{32}，Z_{29}，Z_{35}，Z_{36}，Z_{38}
H 多价 6 Z_{39}，Z_{41}，Z_{42}，Z_{44}
H 多价 7 Z_{52}，Z_{53}，Z_{54}，Z_{55}

H 多价 8 Z_{56}，Z_{57}，Z_{60}，Z_{61}，Z_{62}

每一个 H 抗原成分的最后确定均应根据 H 单因子血清的检查结果，没有 H 单因子血清的要用两个 H 复合因子血清进行核对。

检出第 1 相 H 抗原而未检出第 2 相 H 抗原的或检出第 2 相 H 抗原而未检出第 1 相 H 抗原的，可在琼脂斜面上移种 1~2 代后再检查。若仍只检出一个相的 H 抗原，要用位相变异的方法检查其另一个相。单相菌不必做位相变异检查。

位相变异实验方法如下：

① 简易平板法：将 0.35%~0.4%半固体琼脂平板烘干表面水分，挑取因子血清 1 环，滴在半固体平板表面，放置片刻，待血清吸收到琼脂内，在血清部位的中央点种待检菌株，培养后，在形成蔓延生长的菌苔边缘取菌检查。

② 小玻管法：将半固体管（每管 1~2mL）在酒精灯上熔化并冷却至 50℃，取已知相的 H 因子血清 0.05~0.1mL，加入于熔化的半固体内，混匀后，用毛细吸管吸取分装于供位相变异实验的小玻管内，待凝固后，用接种针挑取待检菌，接种于一端。将小玻管平放在平皿内，并在其旁放一团湿棉花，以防琼脂中水分蒸发而干缩，每天检查结果，待另一相细菌解离后，可以从另一端挑取细菌进行检查。培养基内血清的浓度应有适当的比例，过高时细菌不能生长，过低时同一相细菌的动力不能抑制。一般按原血清（1∶200）~（1∶800）的量加入。

③ 小倒管法：将两端开口的小玻管（下端开口要留一个缺口，不要平齐）放在半固体管内，小玻管的上端应高出于培养基的表面，灭菌后备用。临用时在酒精灯上加热熔化，冷却至 50℃，挑取因子血清 1 环，加入小套管中的半固体内，略加搅动，使其混匀，待凝固后，将待检菌株接种于小套管中的半固体表层内，每天检查结果，待另一相细菌解离后，可从套管外的半固体表面取菌检查，或转种 1%软琼脂斜面，于 36℃培养后再做凝集实验。

（3）Vi 抗原的鉴定。用 Vi 因子血清检查。已知具有 Vi 抗原的菌型有伤寒沙门氏菌，丙型副伤寒沙门氏菌和都柏林沙门氏菌。

（4）菌型的判定。根据血清学分型鉴定的结果，按照有关沙门氏菌属抗原表判定菌型。

六、结果与报告

综合以上生化实验和血清学鉴定的结果，报告 25g（mL）样品中检出或未检出沙门氏菌。

七、注意事项

（1）预增菌中使用的缓冲蛋白胨水（BPW）肉汤是基础增菌培养基，不含任何抑制成分，有利于受损伤的沙门氏菌复苏。鲜肉、鲜蛋、鲜乳或其他未经加工的食品不必经过前增菌。

（2）增菌中使用的四硫磺酸钠煌绿增菌液（TTB）含有胆盐，可抑制革兰氏阳性球菌和部分大肠埃希菌的生长，而伤寒与副伤寒沙门氏菌仍能生长。

（3）增菌中使用的亚硒酸盐胱氨酸增菌液（SC）可对伤寒及其他沙门氏菌做选择性

增菌，亚硒酸与蛋白胨中的含硫氨基酸结合，形成亚硒酸和硫的复合物，可影响细菌硫代谢，从而抑制大肠埃希菌、肠球菌和变形杆菌的增殖。

（4）平板分离中的主要杂菌为大肠埃希菌，而两者区别在于是否发酵乳糖，故加入乳糖、酸碱指示剂两个指针来判断可疑菌落；亚硫酸铋琼脂（BS）含有煌绿、亚硫酸铋能抑制大肠埃希菌、变形杆菌和革兰氏阳性菌的生长，但伤寒杆菌及其他沙门菌能利用葡萄糖将亚硫酸铋还原成硫酸铋，形成黑色菌落周围绕有黑色和棕色的环，对光观察可见有金属光泽。HE 琼脂加入了一些抑制剂如胆盐、柠檬酸、去氧胆酸钠等，可抑制某些肠道致病菌和革兰氏阳性菌的生长，但对革兰氏阴性的肠道致病菌则无抑制作用。XLD 琼脂培养基中含有去氧胆酸钠指示剂，在该浓度下的去氧胆酸钠也可作为大肠埃希菌的抑制剂，而不影响沙门氏菌属和志贺氏菌属的生长。沙门氏菌显色培养基利用沙门氏菌特异性酶与显色基团的特有反应，使色原游离出来，沙门氏菌在培养基上呈紫色或紫红色，大肠埃希菌等其他肠道杆菌呈蓝绿色。

思考与测试

（1）沙门氏菌检验的卫生学意义是什么？

（2）沙门氏菌检验中为什么要进行预增菌和增菌操作？分别使用的培养基是什么？

课程思政案例

"一笼小确幸"与沙门氏菌

项目六 食品生产用水和环境的微生物检验

> **案例分析**

食品生产用水和环境的
微生物检验

某啤酒生产企业，在进行生产用水抽样检查过程中出现炭滤后水（酿造用水），其中一个出水点菌落总数超标的问题，请写出分析方案和预防措施。

任务一 啤酒生产用水的总大肠菌群测定

☞ **知识目标**
（1）了解《生活饮用水标准检验方法 微生物指标》(GB/T 5750.12—2006) 中生产用水各种微生物的检验方法。
（2）熟悉生产用水中总大肠菌群的检验方法。

☞ **能力目标**
（1）能查阅与解读 GB/T 5750.12—2006，并能进行标准比对工作。
（2）能根据企业产品的类型，进行生产用水中总大肠菌群的检验。
（3）能分析处理与判定检验结果，按格式要求撰写生产用水微生物检验报告。

一、适用范围

《生活饮用水标准检验方法 微生物指标》(GB/T 5750.12—2006) 适用于啤酒生产用水的微生物指标测定。

二、检验原理

一般对啤酒生产用水微生物的监测包括对原水、砂滤后水、炭滤后水、酿造水（工程部）、无菌水（工程部）、稀释水、脱氧水、发酵过滤 CIP 无菌水、包装无菌水和激沫水微生物的分析。对生产用水微生物进行检测，能更好地监控生产过程中用水的安全，以控制啤酒成品的质量，并能确定出可能出现的用水过程污染。

根据 GB/T 5750.12—2006，采用总大肠菌群滤膜法测定生产用水的总大肠菌群。总大肠菌群滤膜法是指用孔径为 0.45μm 的微孔滤膜过滤水样，将滤膜贴在添加乳糖的选择性培养基上，37℃培养 24h，能形成特征性菌落的需氧和兼性厌氧的革兰氏阴性无芽孢杆菌，以检验水中总大肠菌群的方法。

三、设备和材料

设备和材料一览表如表 6-1 所示。

表 6-1　设备和材料一览表

序号	名称	作用
1	恒温培养箱（±1℃）	培养测试样品
2	高压灭菌锅	培养基或生理盐水、器皿等灭菌
3	膜过滤支架	支撑膜过滤漏斗
4	膜过滤漏斗	盛装样品
5	真空泵	抽滤样品
6	真空泵保护瓶（内装硅胶）	吸收水汽，保护真空泵
7	抽滤瓶	盛废液
8	1mL 吸管（0.1mL）	吸取无菌生理盐水或样液
9	10mL 吸管（1mL）	吸取无菌生理盐水或样液
10	90mm 培养皿	样品测定
11	酒精灯	火焰灭菌、革兰氏染色
12	喷雾器	酒精喷雾
13	杯子	盛装乙醇
14	剪刀	剪膜片、剪灭菌袋
15	镊子	夹滤膜片
16	打火机	点燃酒精灯
17	油性笔	样品标记
18	孔径为 0.45μm 疏水栅格滤膜	过滤样品
19	无菌取样袋	用于水样取样
20	显微镜	菌种鉴定
21	载玻片、盖玻片	菌种鉴定

四、培养基和试剂

1. 培养基

培养基配制如表 6-2 所示。

表 6-2　培养基配制

品红亚硫酸钠培养基（EDNO）	成分	蛋白胨 10.0g，酵母浸膏 5.0g，牛肉膏 5.0g，乳糖 10.0g，琼脂 15～20g，磷酸氢二钾 3.5g，无水亚硫酸钠 5.0g，碱性品红乙醇溶液（50g/L）20mL，蒸馏水 1 000mL
	制法	先将琼脂加到 500mL 蒸馏水中，煮沸熔解，另 500mL 蒸馏水中加入磷酸氢二钾、蛋白胨、酵母浸膏和牛肉膏，加热熔解，倒入已熔解的琼脂，补足 1 000mL，混匀后调 pH 值为 7.2～7.4，再加入乳糖，分装，68.95kPa（115℃，10lb）高压灭菌 20min，储存于冷暗处备用

续表

品红亚硫酸钠培养基（EDNO）	注意事项	1. 本培养基也可不加琼脂，制成液体培养基，使用时加 2～3mL 于灭菌吸收垫上，再将滤膜置于培养垫上培养； 2. 本培养基在冰箱内保存不宜超过 2 周，如培养基已由淡粉红色变成深粉红色，则不能再用
乳糖蛋白胨培养液	成分	蛋白胨 10g，牛肉膏 3g，乳糖 5g，氯化钠 5g，溴甲酚紫乙醇溶液（16g/L）1mL，蒸馏水 1 000mL
	制法	将蛋白胨、牛肉膏、乳糖及氯化钠溶于水中，调整 pH 值为 7.2～7.4，再加入 1mL 的 16g/L 溴甲酚紫乙醇溶液，充分混匀，分装于装有倒管的试管中，68.95kPa（115℃，10lb）高压灭菌 20min，储存于冷暗处备用

2. 试剂

革兰氏染液、75%乙醇。

五、操作步骤

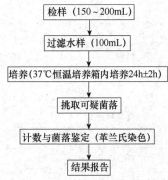

图 6-1 生产用水中总大肠菌群检验流程

生活用水中总大肠菌群检验流程如图 6-1 所示。

1. 准备工作

（1）各种水样取样。

① 取一个无菌的取样袋，在袋表面做好样品标识，并按各种无菌取样袋操作方法进行处理。

② 手动拧开水龙头或设备阀门（若阀门较难打开，可由操作工在控制面板代为完成），排放样品 5～10s，去除水样中多余的消毒剂残留或取样阀上残存的乙醇。

③ 当需要采集的样品持续流出时，迅速打开取样袋，将开口端对准样品流。接收样品时，不要将取样袋靠在水龙头或阀门上，应在水龙头或阀门下方 1～2cm 处。

④ 采集 150～200mL 水样后，迅速从样品流移开取样袋并封口。

⑤ 关闭取样阀。

（2）滤膜灭菌。将滤膜放入烧杯中，加入蒸馏水，置于沸水中煮沸灭菌 3 次，每次 15min。前两次煮沸后需更换水洗涤 2～3 次，以除去残留溶剂。

（3）滤器灭菌。用点燃的酒精棉球火焰灭菌，也可以用蒸汽灭菌器 103.43kPa（121℃，15lb）高压灭菌 20min。

2. 过滤水样

用无菌镊子夹取灭菌滤膜边缘部分，将粗糙面向上，贴放在已灭菌的滤床上，固定好滤器，将 100mL 水样（如水样含菌数较多，可以减少过滤水样量，或将水稀释）注入滤器中，打开滤器阀门，在 -5.07×10^4Pa（-0.5atm）下抽滤。

3. 培养

水样滤完后,再抽气约 5s,关上滤器阀门,取下滤器,用灭菌镊子夹取滤膜边缘部分,移放在品红亚硫酸钠培养基上,滤膜截留细菌面向上,滤膜应与培养基完全贴紧,两者不得留有气泡,然后将平皿倒置,放入 37℃恒温培养箱内培养 24h±2h。

六、结果与报告

1. 结果观察与报告

(1)挑取符合下列特征菌落进行革兰氏染色、镜检:①紫红色、具有金属光泽的菌落;②深红色、不带或带金属光泽的菌落;③淡红色、中心色较深的菌落。

凡革兰氏染色为阴性的无芽孢杆菌,再接种乳糖蛋白胨培养液,于 37℃恒温培养箱内培养 24h,有产酸产气者,则判定为总大肠菌群阳性。

按下式计算滤膜上生长的总大肠菌群数,以每 100mL 水样中的总大肠菌群(CFU/100mL)报告之。总大肠菌群菌落数(CFU/100mL)=数出的总大肠菌群数×100/过滤的水样体积(mL)

2. 结果记录

将啤酒生产用水大肠菌群检测结果填入表 6-3 中。

表6-3 啤酒生产用水大肠菌群检测结果记录

样品名称			仪器名称及编号		分析日期	
室温/℃			相对湿度/%		培养时间	
环境因素	执行标准	标准要求	实验数据		结果	结论
原水						
砂滤后水						
炭滤后水						
酿造水(工程部)						
无菌水(工程部)						
稀释水						
脱氧水						
发酵过滤 CIP 无菌水						
包装无菌水						
激沫水						
测定步骤:			计算公式:		备注:	

3. 生产用水卫生指标

表 6-4 为啤酒生产用水的卫生指标可以作为啤酒生产用水检验结果的判断依据。

表 6-4　啤酒生产用水卫生指标

项目	指标 大肠菌群数（EDNO/国标法）	项目	指标 大肠菌群数（EDNO/国标法）
原水	无检出/100mL	稀释水	无检出/200mL
砂滤后水	无检出/100mL	脱氧水	无检出/200mL
炭滤后水	无检出/100mL	发酵过滤CIP无菌水	无检出/100mL
酿造水	无检出/100mL	包装无菌水	无检出/100mL
无菌水（工程部）	无检出/200mL	激沫水	无检出/100mL

思考与测试

（1）简述食品生产用水微生物检验的取样方法和注意事项。

（2）列表写出食品生产用水的微生物检验指标和判断值。

课程思政案例

病毒与病毒性肝炎

任务二　食品生产环境中菌落总数的测定

☞ **知识目标**

（1）了解《洁净室及相关受控环境　第1部分：空气洁净度等级》（GB/T 25915.1—2010）、《医药工业洁净室（区）沉降菌的测试方法》（GB/T 16294—2010），熟悉洁净检验室的分类及环境要求。

（2）掌握工作台面、操作人员手部样品的采集方法。

（3）掌握生产环境菌落总数的检验方法。

☞ **能力目标**

（1）能进行生产环境的工作台面和操作人员的手部采样。

（2）能进行生产环境中工作台面和操作人员的手部菌落总数测定。

（3）能分析处理与判定检验结果，按要求格式编写生产环境中菌落总数的检验报告。

环境微生物监控主要用于评判加工过程中的卫生控制状况，以及找出可能存在的污染源。

一般对环境微生物的监测包括对生产车间空气、操作人员手部、与食品有直接接触面的机械设备的微生物指标,生产区域环境中病原微生物的监控,以达到规定标准,控制食品成品的质量。对设备表面进行检测,就可以确定同一工作区经过一段时间以后是否还保持干净,或不同工作区在一定时间内需要打扫的次数,消毒剂作用于工作台的效果如何,间隔多长时间需要对设备表面消毒一次及设备表面使用效果情况。对空气进行监测可以确定高效过滤器的使用效果及需要更换的次数,并能确定可能出现的环境污染。啤酒生产过程中的环境微生物监控示例如表 6-5 所示。

表 6-5 啤酒加工过程的环境微生物监控示例

环境微生物监控项目		取样点	监控微生物	监控频率	监控指标限值
食品接触表面	擦拭样品（设备外表面）	过滤添加罐内壁、装酒机酒阀、压盖头、空瓶传送皮带、空瓶输送带顶棚、瓶盖仓、送盖轨道及其他直接接触食品的设备表面	菌落总数、酵母菌/霉菌、厌氧菌	纯生每周检测；非纯生每月检测	无检出/擦拭点
	残留水（设备内表面）	发酵罐刷洗水、清酒罐刷洗水、装酒机刷洗水、各个管道刷洗水	菌落总数、酵母菌/霉菌、厌氧菌	抽检 30%	≤20CFU/100mL
食品或食品接触表面邻近的接触表面	擦拭样品	洗瓶机锯齿轮内部、装酒机酒缸表面、装酒机星轮、装酒机隔板、发酵罐取样口、清酒罐取样口等接触表面、操作人员手部	菌落总数、酵母菌/霉菌、厌氧菌	纯生每周检测；非纯生每月检测	无检出/擦拭点
工作区域内的环境空气	环境空气	酵母扩培间、发酵间、酵母罐间、清酒间、灌注间、无菌室、超净台、培养箱	菌落总数、酵母菌/霉菌	每月	超净台：无检出/30min；无菌室、培养箱：≤3CFU/30min；其他：≤30CFU/30min

注：（1）可根据食品特性及加工过程实际情况选择取样点。
（2）可根据需要选择一个或多个卫生指示微生物实施监控。
（3）可根据具体取样点的风险确定监控频率。

一、适用范围

生产车间空气、操作人员手部、与食品有直接接触面的机械设备的微生物指标测定,生产区域环境中病原微生物的监控。

二、检验原理

生产环境菌落总数的测定采用沉降法,即通过自然沉降原理收集在空气中的自由降落的菌体于开盖的平板培养基,经若干时间,在适宜的条件下进行培养,便于肉眼观察,对可见的菌落进行计数,以平皿中的菌落数来判定洁净环境内的微生物数,并以此来评定工作环境的洁净度。

三、设备和材料

设备和材料一览表如表6-6所示。

表6-6 设备和材料一览表

序号	名称	作用
1	恒温培养箱（±1℃）	培养测试样品（36℃）
2	高压灭菌锅	培养基或生理盐水等灭菌
3	冰箱（±1℃）	2~5℃,放置样品
4	恒温水浴箱（±1℃）	调节培养基温度为恒温46℃±1℃
5	电子天平（感量为0.1g）	称量
6	均质器	将样品与稀释液混合均匀
7	振荡器	振摇试管或用手拍打混合均匀
8	1mL无菌吸管或微量移液器及吸头（0.01mL）	吸取无菌生理盐水或稀释样液
9	10mL无菌吸管（0.1mL）	吸取样液
10	250mL无菌锥形瓶	盛放无菌生理盐水、盛放培养基
11	直径90mm无菌培养皿	测试样品
12	pH计或pH比色管	调节pH值
13	精密pH试纸	调节pH值
14	微生物膜过滤系统	收集微生物
15	放大镜或（和）菌落计数器	菌落计数

四、培养基和试剂

75%乙醇、0.85%生理盐水、平板计数琼脂培养基：胰蛋白胨5.0g、酵母浸膏2.5g、葡萄糖1.0g、琼脂15.0g、蒸馏水1 000mL、pH值7.0±0.2。

五、操作步骤

生产环境中菌落总数检验流程如图6-2所示。

1. 食品车间空气中微生物计数

（1）样品采集。在动态下进行,室内面积不超过30m^2,在对角线上设里、中、外三点,里、外点位置距墙1m；室内面积超过30m^2,设东、西、南、北、中五点,周围四点距墙1m。采样时,将含平板计数琼脂培养基的平板（直径9cm）置采样点（约桌面高度）,并避开空调、门窗等空气流通处,打开平皿盖,使平板在空气中暴露30min。采样后必须尽快对样品进行相应指标的检测,送检时间不得超过6h,若样品保存于0~4℃时,送检时间不得超过24h。

（2）细菌培养。

① 在采样前将准备好的平板计数琼脂培养基平板置36℃±1℃培养24h，取出检查有无污染，将污染培养基剔除。

② 取样前，双手需要充分用75%乙醇灭菌，且注意手不能碰到培养基，防止人为污染培养基。

③ 采样后必须尽快对样品进行相应指标的检测，送检时间不得超过6h，若样品保存于0～4℃，送检时间不得超过24h。

④ 将已采集样品的培养基于36℃±1℃培养48h±2h观察结果，计数平板上细菌菌落数。

（3）结果计算与报告。

① 用肉眼对培养皿上所有的菌落直接计数，标记或在菌落计数器上点计，然后用5～10倍放大镜检查，不可遗漏。

② 若平板上有2个或2个以上的菌落重叠，可分辨时仍以2个或2个以上菌落计数。一般认为100cm²营养琼脂面积上，暴露在空气中5min所降落的菌落数，相当于10L空气中所含细菌数。因此，可用下列公式来计算1m³空气所含细菌数。

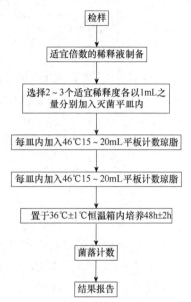

图 6-2　生产环境中菌落总数检验流程

$$y_1 = \frac{A \times 50\ 000}{S_1 \times t}$$

式中，y_1——空气中细菌菌落总数，CFU/m³；

A——平板上平均细菌菌落数；

S_1——平板面积，cm²；

t——暴露时间，min。

2. 工作台面、操作人员手部的菌落计数

（1）样品采集。

① 工作台（机械器具）：用浸有灭菌生理盐水的棉签在被检物体表面（取与食品直接接触或有一定影响的表面）取25cm²，在其内涂抹10次，然后剪去手接触部分的棉棒，将棉签放入含10mL灭菌生理盐水的采样管内送检。

② 操作人员手部：被检人五指并拢，用浸湿生理盐水的棉签在右手指曲面，从指尖到指端来回涂擦10次，然后剪去手接触部分棉棒，将棉签放入含10mL灭菌生理盐水的采样管内送检。

采样注意事项：擦拭时棉签要随时转动，保证擦拭的准确性。对每个擦拭点应详细记录所在分场的具体位置、擦拭时间及所擦拭环节的消毒时间。

（2）细菌菌落总数检测。将已采集的样品在6h内送检验室，每支采样管充分混匀后取1mL样液，放入灭菌平皿内，倾注平板计数琼脂培养基，每个样品平行接种2块平皿，置于36℃±1℃培养48h±2h，计数平板上细菌菌落数。

$$y_2 = \frac{A}{S_2} \times 10$$

$$y_3 = A \times 10$$

式中，y_2——工作台表面细菌菌落总数，CFU/cm^2；

A——平板上平均细菌菌落数；

S_2——采样面积，cm^2；

y_3——操作人员手部表面细菌菌落总数，$CFU/手$。

3. 设备内表面的菌落计数

（1）样品采集。

① 打开取样阀，排放样品10～20s，将取样管中存有的样品充分放出，然后关闭取样阀。充分放出取样管中存有的样品，以便所取的样品均匀且具有代表性。

② 首先将酒精喷雾器出口调成柱状，用75%乙醇对取样阀内部进行充分冲洗；然后将酒精喷雾器出口调成雾状，用75%乙醇对取样阀外部及周边充分喷洒；保持乙醇与取样阀接触至少25s，使乙醇充分作用，有效灭菌。

③ 再次打开取样阀，排放约10s，将取样阀内残存的乙醇冲去。如果取样阀进行了灼烧，应注意取样前充分排放样品冷却取样阀，防止将样品中的微生物烫死。

④ 保持样品持续流动状态，打开无菌取样管，迅速接取5mL以上样品，迅速盖紧塞子，然后关闭取样阀。无菌试管取样时，不要将试管口套在取样阀上，试管口应在取样阀下方约1cm处。用废液桶接取流出的样品，防止污染环境。

⑤ 将已采集的样品在6h内送检验室存放在2～8℃的冰箱储存，储存时间不超过24h。

（2）细菌菌落总数检测。将已采集的样品在6h内送检验室，每支采样管充分混匀后取1mL样液，放入灭菌平皿内，倾注营养琼脂培养基，每个样品平行接种2块平皿，置于36℃±1℃培养48h±2h，计数平板上细菌菌落数。

六、结果与报告

1. 填写结果报告

将检验结果填写表6-7报告。

表6-7 食品中生产环境菌落总数检测结果记录

样品名称		仪器名称及编号		分析日期	
室温/℃		相对湿度/%		培养时间	
环境因素	执行标准	标准要求	实验数据	结果	结论
车间空气/（CFU/m^3）					
工作台面/（CFU/cm^2）					
操作人员手部/（$CFU/手$）					
测定步骤：			计算公式：		备注：

2. 生产环境卫生指标

不同的生产环境，其卫生指标也不同，以下生产环境的标准，可以作为生产环境检验结果的判断依据。

（1）装配与包装车间空气中细菌菌落总数应不大于 2 500CFU/m^3。

（2）工作台面细菌菌落总数应不大于 20CFU/cm^2。

（3）操作人员手部表面细菌菌落总数应不大于 300CFU/手，并不得检出致病菌。

七、注意事项

（1）注意采样和样品储藏过程中应始终保持无菌状态。

（2）注意操作人员的手部卫生。

（3）注意无菌室的卫生状况。

思考与测试

（1）简述生产环境微生物检验的采样方法和注意事项。

（2）列出生产环境微生物检验的指标和判断值。

课程思政案例

察布尔病与肉毒梭菌

项目七　食品微生物的快速检测

食品微生物的快速检测

▶ 案例分析

某食品生产企业，食品中菌落总数的检验采用了菌落总数测试片法（easy test aerobic count），请比较菌落总数测试片法和《食品安全国家标准　食品微生物学检验　菌落总数测定》（GB 4789.2—2016）传统平板计数法的优缺点。

传统的微生物检验方法是培养分离法，这种依靠培养基进行培养、分离及生化鉴定的方法，既费时费力，操作又繁杂。例如，食品中菌落总数测定所采用的平板计数法至少需要 24h 才能获得结果，而致病菌的检测耗时则更长，包括前增菌、选择性增菌、镜检及血清学验证等一系列的检测程序，需要 5~7d。烦琐的检验程序不仅占用了大量的检测资源，更重要的是冗长的检验周期，既不利于生产者对食品质量的在线控制，也不利于监管部门对问题食品的快速反应。因此，研究和建立食品微生物快速检测方法以加强对食品卫生安全的监测越来越受到关注。常见的食源性微生物快速检验技术包括测试片法、自动化微生物快速培养与鉴定系统、ATP（荧光素酶）法、PCR 分子检测技术和免疫检测技术。

任务一　食品中菌落总数的测试纸片法快速检测

☞ 知识目标
（1）熟悉微生物快速检测的主要方法。
（2）掌握食品中菌落总数快速检测的方法。

☞ 能力目标
（1）能够采用快速检测的方法对食品中菌落总数进行检测。
（2）能根据企业生产需要确定菌落总数快速检测的方案。
（3）能分析处理与判定检测结果，按格式要求撰写微生物检验报告。

测试片快速检测法是目前已广泛应用并得到认可的菌落总数的快速检测方法，该方法以《商品化试剂盒检测方法　菌落总数》（SN/T 4544.1—2016）中第一法作为参考。

测试片法是一项检验新方法，它是以纸片、冷水可凝胶和无纺布等作为培养基载体来测定食品中微生物，最大优点是省却了繁重的准备工作，检样不需要增菌，直接接种纸片，适宜温度培养后计数，使用后经灭菌便可弃之，操作简单方便，缩短了检测时间。

测试片法对比传统方法有很大的优势，如缩短测试时间，操作程序更加简便，使用简单，不需要很高的操作技巧，不需预先配制培养基，方便携带，有助于提高微生物实验质量和提高检验室效率，适用于设备不足的基层检验室和现场即时检测。测试片目前在国内虽有生产厂家，但由于还没有相应的生产标准，导致各生产商间测试片质量参差不齐，检测结果不能得到普遍认同。较成熟的测试片主要依靠进口，导致成本相对较高。

一、适用范围

测试片快速检测法适用于各类食品中菌落总数的测定。

二、检测原理

将培养基、凝胶和酶显色剂等加载在试纸片上，经加样、培养后，细菌菌落在纸片上显现出红色菌斑，通过计数报告结果。

三、设备和材料

设备和材料一览表如表 7-1 所示。

表 7-1 设备和材料一览表

序号	名称	作用
1	恒温培养箱（±1℃）	培养测试样品
2	高压灭菌锅	培养基或生理盐水等灭菌
3	冰箱（±1℃）	放置样品
4	恒温水浴箱（±1℃）	调节培养基温度为恒温46℃±1℃
5	电子天平（感量为0.1g）	称量
6	均质器	将样品与稀释液混合均匀
7	振荡器	振摇试管或用手拍打混合均匀
8	1mL无菌吸管或微量移液器及吸头（0.01mL）	吸取无菌生理盐水或稀释样液
9	10mL无菌吸管（0.1mL）	吸取样液
10	250mL无菌锥形瓶	盛放无菌生理盐水、盛放培养基
11	直径90mm无菌培养皿	测试样品
12	pH计或pH比色管	调节pH值
13	精密pH试纸	调节pH值
14	放大镜和（或）菌落计数器	菌落计数

四、试剂

（1）磷酸盐缓冲液：称取 34.0g 磷酸二氢钾溶于 500mL 蒸馏水中，用大约 175mL 的 1mol/L 氢氧化钠溶液调节 pH 值，用蒸馏水稀释至 1 000mL 后即为储存液。取储存液 1.25mL，用蒸馏水稀释至 100mL，分装于适宜容器中，121℃高压灭菌 15min。

（2）无菌生理盐水：称取8.5g氯化钠溶于1 000mL蒸馏水中，121℃高压灭菌15min。

（3）1mol/L氢氧化钠溶液：称取40g氢氧化钠溶于1 000mL蒸馏水，121℃高压灭菌15min。

（4）1mol/L 盐酸溶液：移取浓盐酸90mL，用蒸馏水稀释至1 000mL，121℃高压灭菌15min。

（5）细菌总数测试片、压板和快速涂抹棒。

五、操作步骤

菌落总数快速检测程序如图7-1所示。

1. 样品稀释

无菌称取25g（mL）样品放入盛有225mL生理盐水的无菌锥形瓶中，充分振荡（均质）制成1∶10的稀释液。用1mL无菌吸管或微量移液器吸取1∶10样品匀液1mL，注入含9mL灭菌生理盐水的试管内，振荡试管或换用一支无菌吸管反复吹打使其混合均匀，制成1∶100的样品匀液。依此类推，做出1∶1 000等稀释度的稀释液，每个稀释度更换一支灭菌吸管或吸头。

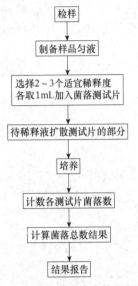

图7-1 菌落总数快速检测程序

2. 接种

根据对样品污染状况的估计，选择2~3个适宜稀释度的样品匀液进行检测。将测试片置于平坦的实验台表面，揭开上层膜，用吸管或微量移液器吸取1mL样品匀液，垂直滴加在测试片的中央，将上层膜盖下，允许上层膜直接落下，但不要滚动上层膜，将压板凹面底朝下放置在上层膜中央，轻轻地压下，使样液均匀覆盖于圆形的培养膜上，切勿扭转压板。拿起压板，静止至少1min以使培养基凝固。每个稀释度接种2张测试片，同时，分别吸取1mL磷酸盐缓冲液和生理盐水加入2张测试片内作为空白对照。

3. 培养

将测试片的透明面朝上，水平置于培养箱内，可堆叠至30片，36℃±1℃培养48h±2h。水产品30℃±1℃培养72h±3h，如有产品标准等特殊要求，则按相应的标准或要求进行。

4. 计数

计数培养结束后立即计数，可肉眼观察计数，或用菌落计数器、放大镜观察计数。选取菌落数在30~300CFU的测试片计数，计数所有红色菌落。细菌浓度很高时，整个测试片会变成红色或粉红色，将结果记录为"多不可计"。当细菌浓度很高时，测试片中央没有可见菌落，但圆形培养膜的边缘有许多小的菌落，其结果也记录为"多不可计"；进一步稀释样品可获得准确的读数。某些微生物会液化凝胶造成局部扩散或菌落模糊的现象。如果液化现象干扰计数，可以计数未液化的面积来估算菌落数。

六、结果与报告

1. 结果计算

（1）若只有一个稀释度平板上的菌落数在适宜计数范围内，计算 2 个平板菌落的平均值，再将平均值乘以相应稀释倍数，作为每 1g（或 mL）中菌落总数结果。

（2）若 2 个连续稀释度的平板菌落数在适宜计数范围内时，按下列公式计算：

$$N = \frac{\sum C}{(n_1 + 0.1 n_2) d}$$

式中，N——样品中菌落数，CFU；

$\sum C$——平板（含适宜范围菌落数的平板）菌落数之和；

n_1——第一个适宜稀释度的测试片数；

n_2——第二个适宜稀释度的测试片数；

d——稀释因子（第一稀释度）。

2. 报告

（1）菌落总数在 100CFU 以内时，按"四舍五入"原则修约，采用 2 位有效数字报告。

（2）大于或等于 100CFU 时，第 3 位数字采用"四舍五入"原则修约后，取前 2 位数字，后面用 0 代替位数；也可用 10 的指数形式来表示，按"四舍五入"原则修约后，采用 2 位数字。

（3）若空白对照上有菌落生长，则此次检测结果无效。

（4）称重样以 CFU/g 为报告单位，体积取样以 CFU/mL 为报告单位。

七、注意事项

（1）使用过的测试片上带有活菌，应及时按照生物安全废弃物处理原则进行无害化处理。

（2）培养后，立即计数每个测试片上的菌落数，25~250CFU 为合适范围。

思考与测试

（1）什么是测试片法？

（2）如何采用测试片法快速检测食品中的菌落总数？

课程思政案例

细菌学奠基人罗伯特·科赫

任务二　食品中大肠菌群的测试纸片法快速检测

> ☞ **知识目标**
> （1）掌握大肠菌群测试片法的快速检测的原理及方法。
> （2）熟悉大肠菌群的概念。
> （3）掌握食品中大肠菌群快速检测的关键步骤。
>
> ☞ **能力目标**
> （1）能够使用测试片法检测食品中大肠菌群数。
> （2）能够使用平板法检测食品中大肠菌群数。
> （3）能根据企业产品类型确定大肠菌群快速检测的方案。
> （4）能按要求准确完成大肠菌群最近似数的计数与记录。
> （5）能分析处理与判定检测结果，按格式要求撰写微生物检验报告。

大肠菌群的快速检测方法是以《商品化试剂盒检测方法　大肠菌群和大肠杆菌　方法一》（SN/T 4547—2017）、《食品安全国家标准　食品微生物学检验　大肠菌群计数》（GB 4789.3—2016）中的第二法作为参考。这两种方法都是以微生物专有酶快速反应作为理论依据。

微生物专有酶快速反应是根据细菌在其生长繁殖过程中可合成和释放某些特异性的酶，按酶的特性，选用相应的底物和指示剂，将它们配制在相关的培养基中。根据细菌反应后出现的明显的颜色变化，确定待分离的可疑菌株，反应的测定结果有助于细菌的快速诊断。这种技术将传统的细菌分离与生化反应有机地结合起来，并使得检测结果直观，正成为今后微生物检测发展的一个主要发展方向。

除了大肠菌群测试纸片法和平板法，试剂盒法也被广泛应用于大肠菌群的快速检测。大肠菌群快速检测试剂盒的技术原理是依照国家标准方法将大肠菌群液体乳糖发酵培养基包被在特制透明塑料盒中，配有产气孔，以此替代玻璃乳糖发酵管而实现大肠菌群快速检测，免除了传统方法中培养基配制、培养基灭菌等烦琐的工作，具有操作方便、检测效率高的特点。此法被广泛应用于食品、水质、餐具、物体表面等样品的快速检验。

一、测试片法

（一）适用范围

该法适用于食品和原料中大肠菌群的计数。

（二）检测原理

大肠菌群测试片法是一种预先制备的含有指示剂及冷水凝胶的培养基系统进行微生

物培养的方法。大肠菌群测试片含有 VRB（violet red bile）培养基和 β-葡萄糖苷酸酶指示剂，大肠菌群产生的 β-葡萄糖苷酸酶与培养基中的指示剂反应，显示蓝色并带有气泡的特征菌落；大肠菌群细菌发酵乳糖产酸产气，与 pH 指示剂反应显示为红色并带有气泡的特征菌落。

（三）设备和材料

设备和材料一览表如表 7-2 所示。

表 7-2　设备和材料一览表

序号	名称	作用
1	恒温培养箱（±1℃）	36℃培养测试样品
2	电子天平（感量为 0.1g）	配制培养基
3	均质器	将样品与稀释液混合均匀
4	精密 pH 试纸	调节 pH 值
5	放大镜或（和）菌落计数器	菌落计数

（四）培养基和试剂

（1）磷酸盐缓冲液。称取 34.0g 的磷酸二氢钾溶于 500mL 蒸馏水中，用大约 175mL 的 1mol/L 氢氧化钠溶液调节 pH 值，用蒸馏水稀释至 1 000mL 后即为储存液。取储存液 1.25mL，用蒸馏水稀释至 100mL，分装于适宜容器中，121℃高压灭菌 15min，待用。

（2）无菌生理盐水。取 8.5g 氯化钠溶解后定容至 1 000mL，121℃高压灭菌 15min，待用。

（3）1mol/L 氢氧化钠。称取 40g 氢氧化钠溶于 1 000mL 蒸馏水中，121℃高压灭菌 15min。

（4）1mol/L 盐酸溶液。移取浓盐酸 90mL，用蒸馏水稀释至 1 000mL，121℃高压灭菌 15min。

（5）大肠菌群测试片。测试片储存于 2～8℃，有效期 18 个月。

（五）操作步骤

大肠菌群测试片法的检测程序如图 7-2 所示。

1. 样品的制备

（1）固体和半固体样品。称取 25g 样品置于盛有 225mL 磷酸盐缓冲液或生理盐水的无菌均质杯中，8 000～10 000r/min 均质 1～2min，或放入盛有 225mL 磷酸盐缓冲液或生理盐水的无菌均质袋中，用拍击式均质器拍打 1～2min，制成 1∶10 的样品匀液。

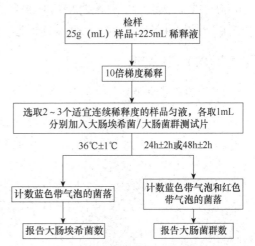

图 7-2　大肠菌群测试片法的检测程序

（2）液体样品。以无菌吸管吸取 25mL 样品置于盛有 225mL 磷酸盐缓冲液或生理盐水的无菌锥形瓶（瓶内预置适当数量的无菌玻璃珠）中，充分混匀，制成1∶10的样品匀液。样品匀液的pH值应为6.5～7.5，pH值过低或过高时可分别采用1mol/L氢氧化钠调节或1mol/L盐酸予以调节。

如为冷冻产品，应在45℃以下不超过15min，或2～5℃不超过18h解冻。

（3）用1mL无菌吸管或微量移液器吸取1∶10样品匀液1mL，沿管壁缓缓注入9mL磷酸盐缓冲液或生理盐水的无菌试管中（注意吸管或吸头尖端不要触及稀释液面），振摇试管，使其混合均匀，制成1∶100的样品匀液。按同样操作程序依次制成10倍递增系列稀释样品匀液。每递增稀释1次，换用1支1mL无菌吸管或吸头。从制备样品匀液至样品接种完毕，全过程不得超过15min。

2．样品匀液的接种和培养

根据对样品的污染状况的估计及相关限量要求，选取2～3个适宜的连续稀释度的样品匀液（液体样品可以选择原液），每个稀释度接种2张测试片，同时，分别吸取1mL磷酸盐缓冲液和生理盐水加入2张测试片内作为空白对照。

3．接种

将大肠菌群测试片置于平坦的实验台面上，揭开上层膜，用无菌吸管吸取1mL样品匀液垂直滴加在测试片的中央，将上层膜缓慢盖下，避免气泡产生和上层膜直接落下，把压板（平面底朝下）放置在上层膜中央，轻轻地压下，使样液均匀覆盖于圆形的培养面积上。拿起压板，静置至少1min以使培养基凝固。

4．培养

将测试片的透明面朝上，水平置于培养箱内，堆叠片数不超过20片，培养温度为36℃±1℃。大肠菌群检测时培养时间为24h±2h；大肠埃希菌检测时，如果是肉、家禽或水产品培养时间为24h±2h，如果是其他产品则培养时间为48h±2h。

（六）结果与报告

1．结果判读

（1）可用肉眼观察，必要时用放大镜或菌落计数器，记录稀释倍数和相应的大肠菌群或大肠埃希菌菌落的数量。菌落计数以菌落形成单位CFU表示。

（2）在大肠菌群测试片上，蓝色有气泡的菌落确认为大肠埃希菌。蓝色有气泡和红色有气泡的菌落数之和为大肠菌群数。测试片圆形面积边缘上及边缘以外的菌落不做计数。出现大量气泡形成、不明显的小菌落，培养区呈蓝色或暗红时，进一步稀释样品可获得准确的读数。

2．菌落计数与报告

（1）选取菌落数在15～150CFU的测试片计数大肠菌群或大肠埃希菌菌落总数。小于 15CFU 的测试片记录具体菌落数，大于 150CFU 的记录为多不可计。每个稀释度的大肠菌群或大肠埃希菌菌落数应采用 2 个测试片的平均数。

（2）若只有一个稀释度的测试片的菌群数在适宜计数范围内，计算 2 个测试片大肠菌群或大肠埃希菌菌落数的平均值，再将平均值乘以相应稀释倍数，作为每克（或每毫升）样品中大肠菌群或大肠埃希菌菌落总数结果。

（3）若有 2 个连续稀释度的测试片菌落数在适宜计数范围内，按以下式计算。

$$N = \frac{\sum C}{(n_1 + 0.1 n_2) d}$$

式中，N——样品的大肠菌群数，CFU；

　　　$\sum C$——测试片（含适宜范围菌落数的测试片）大肠菌群或大肠埃希菌菌落数之和；

　　　n_1——第一稀释度（低稀释倍数）测试片个数；

　　　n_2——第二稀释度（高稀释倍数）测试片个数；

　　　d——稀释因子（第一稀释度）。

（七）注意事项

（1）若所有稀释度测试片上的菌落数都小于 15CFU，则应按稀释度最低的测试片上的平均菌落数乘以稀释倍数计算。

（2）若所有稀释度（包括液体样品原液）的测试片上均无菌落生长，则以小于 1 乘以最低稀释倍数计算。

（3）若所有稀释度的测试片菌落数均不在 15～150CFU，其中一部分小于 15CFU 或大于 150CFU 时，则以最接近 15CFU 或 150CFU 的平均菌落数乘以稀释倍数计算。计数菌落数大于 150CFU 的测试片时，可计数一个或两个具有代表性的方格内的菌落数，换算成单个方格内的菌落数后乘以 20 即为测试片上估算的菌落数（圆形生长面积为 20cm^2）。

思考与测试

（1）食品中大肠菌群的快速测定方法有哪些？

（2）试纸片法原理是什么？

（3）什么是大肠菌群系？其测定的意义是什么？

（4）大肠菌群来源有哪些？

课程思政案例

志贺菌与食物中毒

任务三　PCR 法检测乳制品中大肠埃希菌

> ☞ 知识目标
> （1）掌握 PCR 法检测微生物的原理。
> （2）掌握 PCR 法检测微生物的方法与步骤。
> ☞ 能力目标
> （1）能够采用 PCR 法检测食品中微生物。
> （2）能根据企业产品类型确定微生物 PCR 法的检测方案。
> （3）能够正确找出各类微生物 PCR 法检测的相关引物。
> （4）能按要求准确完成 PCR 法检测微生物的计数与记录。
> （5）能分析处理与判定检测结果，按格式要求撰写微生物检验报告。

一、PCR 的基本认知

（一）PCR 的定义

PCR（polymeras chain reaction）即聚合酶链反应，是由 Kary Mullis 等首创的一项体外快速扩增 DNA 的方法，它可使极微量的某一特定序列的 DNA 片段在数小时内特异性扩增至百万倍以上。PCR 扩增 DNA 通常由 20~40 个 PCR 循环成。每个循环由高温变性、低温退火、适温延伸 3 个步骤组成。高温时，DNA 变性氢键打开，双链变为单链以作为扩增的模板；低温时，一对引物（即左端引物和右端引物）分别与模板 DNA 的 2 条单链特异性互补结合，即退火；然后适温时，在 DNA 聚合酶介导下，将 4 种三磷酸脱氧核苷（DATP dTTP、dGTP、dCTP）按碱基互补配对原则不断添加到引物末端，按 $5'\rightarrow 3'$ 方向将引物延伸自动合成新的 DNA 链，使 DNA 重新变成双链。将合成的 DNA 双链不断重复以上的高温变性、低温退火、适温延伸过程，则左、右引物间这段 DNA 的量就可指数倍增加。若重复进行这一反应 n 次，从理论上讲原始的 DNA 数量可以被扩增为原来的 2^n 倍，因此 DNA 的量在短时间内特异性地获得了极度的放大。

（二）PCR 反应的基本原理

PCR 反应是将模板 DNA、引物、Tag 酶、dNTP、镁离子、缓冲液、双蒸水等混合物装在 PCR 微型管中，在可编程调控的 PCR 仪上完成。

1. 模板 DNA

PCR 模板可以是单链或双链 DNA，RNA 分子经反转录成 cDNA 后同样可作为模板。

PCR 反应所需起始模板量很低,甚至可以是单个分子。用作 PCR 模板的 DNA 样本通常也不需要很纯。

2. 引物

引物与待扩增 DNA 片段两侧互补的单链寡聚核苷酸片段,通常 15~25 个碱基引物是决定 PCR 扩增特异性的关键因素,它决定了 PCR 扩增的区域和扩增产物的长度。PCR 反应通常包括 2 个引物:左端引物是扩增片段编码链的上游一段 DNA,右端引物是非编码链下游的一段 DNA。右端引物是非编码链下游的一段 DNA。引物设计的好坏直接决定了 PCR 扩增的成败。设计引物通常遵循如下原则:

(1) 引物 GC 含量以 45%~55% 为佳,GC 应随机分布,避免出现嘌呤、嘧啶堆积现象。
(2) 引物内部不宜形成发夹结构。
(3) 2 种引物 T_m 值应尽可能接近。
(4) 2 个引物之间,尤其是 3′末端附近不能互补。

3. DNA 聚合酶

PCR 反应中的常使用耐高温 DNA 聚合酶 Taq 酶。Taq 酶缺乏校对功能,扩增片段出错率较高,大约每 5 000 个碱基就有 1 个错配,不过对绝大多数扩增不造成什么问题。目前具有校对功能的高保真 DNA 聚合酶已广泛使用,使得 PCR 技术的应用更加广泛。

4. dNTPs

dNTPs 为 PCR 扩增的"原料",由相同浓度的 4 种脱氧核苷(dATP、dGTP、dTTP、dCTP)组成。

5. Mg^{2+}

Mg^{2+} 是 Taq 酶活力所必需的金属离子,通常使用浓度为 1~2.5mmol/L。

6. 缓冲液(Buer)

PCR 反应中常用 10~50mmol/L 的 Tris-HCl(pH 值为 8.3~8.8)体系。

(三)PCR 技术的特点

PCR 技术应用于微生物检测,具备快速灵敏,特异性强等优点,在医学微生物、食品微生物、环境微生物等领域,有关 PCR 快速检测的理论研究很多,并有多种商品化试剂盒研制成功。

二、PCR 法检测乳制品中大肠埃希菌

(一)适用范围

该法适用于食品及乳制品中致泻性大肠埃希菌,包括肠产毒性大肠埃希菌、肠致病

性大肠埃希菌、肠出血性大肠埃希菌 O157：H7、肠侵袭性大肠埃希菌的 PCR 检测。

(二) 检测原理

PCR 扩增 DNA，其选择性体现在引物上，因为引物决定了扩增区域和扩增片。从理论上说，在细菌 DNA 高度保守区内设计引物，则所有细菌都可有片段扩出；如果在细菌属特异性区域内设计引物，则只有该属细菌能被扩增；如果在种特异性区域内设计引物，就只有该种细菌有特定片段扩出，那么反过来，可以根据已知的细菌遗传信息，设计出某种特定引物，进行 PCR：如果有特定长度的扩增产物出现，则说明扩增模板是这类细菌的 DNA，即有这类细菌存在，反之则无，这就是 PCR 检测微生物的基本原理。由于 PCR 反应仅需 2～3h，因此有可能使原来需要数天培养的常规检测在数小时内完成；PCR 可直接对特定基因区域扩增，这样就省去了烦琐的生理生化反应进行种属鉴定、血清分型等工作，也使检测工作大为简化。

(三) 设备和材料

设备和材料一览表如表 7-3 所示。

表 7-3 设备和材料一览表

序号	名称	作用
1	紫外分光光度计	DNA 浓度和纯度的测定
2	PCR 仪	PCR 扩增
3	电泳装置	PCR 扩增产物的电泳检测
4	离心机	离心
5	PCR 超净工作台	无菌操作
6	灭菌 PCR 反应管	PCR 反应管
7	凝胶分析成像系统	记录电泳检测结果

(四) 试剂

除另有规定外，所有实验使用的试剂等级应为不含 DNA 和 Dnase 的分析纯或生化试剂。

(1) 水：应符合《分析实验室用水规格和试验方法》(GB/T 6682—2008) 中一级水的规格。

(2) TE 缓冲液：10mmol/L Tris-HCl，pH 值为 8.0；1mmol/LEDTA，pH 值为 8.0；并进行高压灭菌。

(3) 10%SDS。

(4) 蛋白酶 K (20mg/mL)。

(5) 氯化钠溶液 5mol/L 和 0.7mol/L。

(6) 10%CTAB。

(7) 三氯甲烷。

（8）异戊醇。

（9）酚。

（10）异丙醇。

（11）70%乙醇。

（12）10×PCR 缓冲液：200mmol/L 三羟甲基氨基甲烷盐酸盐，pH 值为 8.4；200mmol/L 氯化钾；15mmol/L 氯化镁。

（13）10×TAE 缓冲液：称取 84g 三羟甲基氨基甲烷，量取 114.2mL 冰醋酸，200mL 0.5mol/L EDTA（pH 值为 8.0）溶于水中，定容至 2L。分装后高压灭菌备用。

（五）操作步骤

PCR 检测大肠埃希菌的程序如图 7-3 所示。

1. 样品制备

以无菌操作量取检样 25mL，加入装有 225mL 营养肉汤的无菌锥形瓶（瓶内可预置适当数量的无菌玻璃珠），振荡混匀。

2. 增菌

将制备的样品匀液于 36℃±1℃培养 6h。取 10μL 接种于 30mL 肠道菌增菌肉汤管内，于 42℃±1℃培养 18h。

3. 分离

将增菌液划线接种 MAC 平板和 EMB 平板，于 36℃±1℃培养 18～24h，观察菌落特征。在 MAC 平板上，分解乳糖的典型菌落为砖红色至桃红色，不分解乳糖的菌落为无色或淡粉色，在 EMB 平板上，分解乳糖的典型菌落为中心紫黑色带或不带金属光泽，不分解乳糖的菌落为无色或淡粉色。

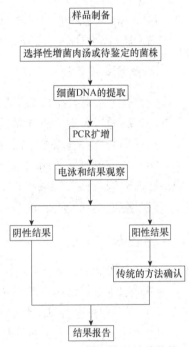

图 7-3 PCR 检测大肠埃希菌的程序

4. 细菌 DNA 模板的制备

对于上述方法培养的增菌液，可直接取该增菌液 1mL 加到 1.5mL 无菌离心管中。12 000g 离心 1min；弃去上清液，取沉淀，加 567μL TE 缓冲液，悬浮，加 30μL 10%SDs 和 3μL 蛋白酶 K，混匀，37℃温浴 1h，加 100μL 0.5mol/氯化钠，加 80μL CTAB/氯化钠溶液（10%CTAB 和 0.7mol/L 氯化钠），混匀，65℃温溶 10min；加等体积三氯甲烷/异戊醇（体积比为 24：1），混匀，12 000g 离心 10min；取上清液，加等体积酚/三氯甲烷/异戊醇（体积比为 25：24：1），混匀，12 000g 离心 10min；取上清液，加 6 倍体积异丙醇，轻轻混匀，12 000g 离心 10min；取沉淀，用 70%乙醇清洗 2 次。干燥，加 100μL TE 溶液溶解，此即为 DNA 溶液。若不能立即检测，可保存于-20℃备用。用于阳性对服的菌株应按上述步骤同时进行 DNA 的制备操作。

5. DNA 浓度和纯度的测定

取 5μL DNA 溶液加双蒸水梯度稀释至 1mL，使用核酸蛋白分析仪或紫外分光光度计测 260nm 和 280nm 处的光密度值。DNA 的浓度按照下式计算获得

$$c = A \times N \times 50/100$$

式中，c——DNA 浓度，μg/μL；

A——260nm 处的吸光度值；

N——核酸稀释倍数；

$1OD_{260nm} = 50μg/mL$ 双链 DNA；

当 OD_{260nm}/OD_{280nm} 比值在 1.7~1.9 时，适宜于 PCR 扩增。

6. 检测技术流程

（1）肠道治病埃希氏大肠杆菌（简称 EPEC）检测的特征基因为 escV 或 eae、bfpB。

（2）肠道侵袭性大肠埃希氏菌（简称 EIEC）检测的特征基因为 invE 或 ipaH。

（3）产肠毒大肠埃希氏菌（简称 ETEC）检测的特征基因为 lt、stp、sth。

（4）肠道出血性大肠埃希氏菌/产志贺毒素大肠埃希氏菌（简称 STEC/EHEC）检测的特征基因为 escV 或 eae、stx1、stx2。

（5）肠道集聚性大肠埃希氏菌（简称 EAEC）检测的特征基因为 astA、aggR、pic。

7. PCR 扩增

（1）引物序列如表 7-4 所示。

（2）空白对照、阴性对照和阳性对照的设置。

① 空白对照设为以水代替 DNA 模板。

② 阴性对照采用非目标菌的 DNA 作为 PCR 反应模板。

③ 阳性对照采用含有检测序列的 DNA（或质粒）作为 PCR 反应的模板。

表 7-4 引物序列

序号	基因名称	大肠埃希菌	引物序列	预期片段（bp）
1	Stx1	肠出血性大肠埃希菌 O157∶H7	5'-cag tta atg ttg ttg cag agg-3' 5'-cac cag aca atg taa ccg ctg-3'	348bp
2	Stx2	肠出血性大肠埃希菌 O157∶H7	5'-cag cta ttc ccg gga gtt tac-3' 5'-gca tca tat aca cag gag c-3'	584bp
3	EaeA	肠出血性大肠埃希菌 O157∶H7	5'-tca atg cag ttc cgt tat cag tt-3' 5'-tca aag tcc gtt acc cca acct tg-3'	482bp
4	ehxA	肠出血性大肠埃希菌 O157∶H7	5'-gtt tat tct ggg gca ggc tc-3' 5'-ctt cac gtc acc ata cat at-3'	166bp

续表

序号	基因名称	大肠埃希菌	引物序列	预期片段（bp）
5	+92uida	肠出血性大肠埃希菌 O157：H7	5'-gcg aaa act gtg gaa tig gs-3' 5'-tga tgc tec atc act tec tg -3'	252bp
6	LT	肠产毒性大肠埃希菌	5'-gca cac gea get cet cag tc-3' 5'-tce tte atc ett tea atg get tt-3'	218bp
7	STI	肠产毒性大肠埃希菌	5'-tta ata gca ccc ggt aca age agg-3' 5'-ctt gac tet tea aaa gag aaa att ac-3'	147bp
8	STII	肠产毒性大肠埃希菌	5'- aaa gga gag ctt cgt cac att tt-3' 5-aat gte cgt ctt geg tta gra c-3'	129bp
9	EacA	肠产毒性大肠埃希菌	5'-tca atc cag ttx cgt tat cag tt-3' 5'-gta aag tce gtt acc cca acc tg-3'	482bp
10	bfp	肠产毒性大肠埃希菌	5'-gga agt caa att cat ggg ggt at-3' 5'-gga atc aga cgc aga ctg gta gt-3'	254bp
11	EAF	肠产毒性大肠埃希菌	5'-cag ggt aaa aga aag atg ata a-3' 5'-tat ggg gac cat gta tta tca-3'	397bp
12	ial	肠侵袭性大肠埃希菌	5'-ctg gat ggt atg gtg agg-3' 5'-gga ggc caa caa tta ttt cc-3'	320bp

（3）PCR 反应。

① 25μL PCR 反应体系：10×PCR 缓冲液（含 Mg^{2+}）2μL；10mmol/L dNTPS1μL；5U/μL Ex Taq DNA 聚合酶 0.2μL；10μmol/L 引物对 2μL；50ng/μL 模板 DNA2μL；水补足至 25μL。

② 反应条件：94℃预变性 3min；94℃变性 30s，60℃退火 30s，72℃延伸 45s，进行 30 个循环；72℃延伸 5min，4℃保存反应产物。

注：PCR 反应参数可根据基因扩增仪型号的不同进行适当的调整。

8. PCR 扩增产物的电泳检测

用 1×TAE 电泳缓冲液制备 1.8%～2%琼脂糖凝胶 55～60℃时加入溴化乙啶至终浓度为 0.5μg/mL，也可在电泳后进行染色。取 8～15μL PCR 扩增产物，分别和 2μL 上样缓冲液混合，进行点样，用 DNA 分子量标记物做参照。3～5V/cm 恒压电泳，电泳 20～40mnin，电泳检测结果用凝胶成像分析系统记录并保存。

注：凝胶染色可采用 SYBR Green I 代替溴化乙啶，具体操作步骤参试剂使用说明。

（六）结果与报告

1. 质控标准

（1）阴性对照：电泳检测后，无相应扩增产物条带出现。

（2）阳性对照：电泳检测后，4 种致泻性大肠埃希菌阳性对照用标准菌株及扩增基因产物大小见表 7-5。不符合上述对照质控标准的视为无效。

表 7-5 致泻性大肠埃希菌阳性对照用标准菌株及扩增基因产物大小

扩增基因产物大小/hp	肠出血性大肠埃希菌 O157：H7 ATCC35150	肠产毒大肠埃希菌 ATCC35401	肠致病性大肠埃希菌 ATCC 43887	肠侵袭性大肠埃希菌 ATCC 43893
Stx1	348			
Stx2	584			
EaeA	482		482	
Ehxa	166			
+92UiaA	252			
LT		218		
STI		147		
STII		129		
EAF			397	
Bfp			254	
ial				320

2. 结果判定与报告

（1）肠出血性大肠埃希菌 O157：H7。对于肠出血性大肠埃希菌 O157：H7，如待测样品所检测的 5 个基因均未出现相应大小的扩增条带则可报告该样品检验结果为阴性；如待测样品所检测的 5 个基因中出现 1 个或 1 个以上相应大小扩增条带则可判定该样品结果为可疑阳性，进一步应按"PCR 扩增"步骤中该致病菌对应的标准检测方法进行确认，最终结果以后者的检测结果为准。

（2）肠产毒性大肠埃希菌。对于肠产毒性大肠埃希菌，如待测样品所检测的 3 个基因均未出现相应大小的扩增条带，则可报告该样品检验结果为阴性；如待测样品所检测的 3 个基因中出现 1 个或 1 个以上相应大小扩增条带则可判定该样品结果为可疑阳性，进一步应按"PCR 扩增"步骤中该致病菌对应的标准检测方法进行确认，最终结果以后者的检测结果为准。

（3）肠致病性大肠埃希菌。对于肠致病性大肠埃希菌，如待测样品所检测的 3 个基因均未出现相应大小的扩增条带，则可报告该样品检验结果为阴性；如待测样品所检测的 3 个基因中出现 1 个或 1 个以上相应大小扩增条带则可判定该样品结果为可疑阳性，进一步应按"PCR 扩增"步骤中该致病菌对应的标准检测方法进行确认，最终结果以后者的检测结果为准。

（4）肠侵袭性大肠埃希菌。对于肠侵袭性大肠埃希菌，如待测样品所检测的 1 个基因未出现相应大小的扩增条带，则可报告该样品检验结果为阴性；如待测样品所检测的 1 个基因出现相应大小的扩增条则可判定该样品结果为可疑带阳性，进一步应按"PCR 扩增"

步骤中该致病菌对的标准检测方法进行确认，最终结果以后者的检测结果为准。

（七）注意事项

（1）PCR 用于做生物检测，要防止假阳性，主要是做好物理隔离，PCR 检验室最少应分为 3 个区：标本处理区、试剂配制区、扩增及产物检测区，实行扩增前、后隔离操作制；规范实验程序、严守检验室规范。

（2）实验中必须每次做阴性对照，以判断是否有污染而造成假阳性。

（3）每次实验中也必须同时设立阳性对以判断是否有抑制成分导致的假阴性。

（4）PCR 法检测微生物，其结果表现为"有"或"无"，仅可定性判别，无法定量分析。

思考与测试

（1）什么是 PCR 技术？

（2）PCR 技术检测微生物的原理是什么？

（3）PCR 技术用于微生物检测的优缺点是什么？

（4）PCR 技术检测微生物是如何避免假阳性、假阴性问题的出现？

课程思政案例

沙门氏菌与食源性疾病

任务四　全自动荧光酶联免疫方法检测食品中沙门氏菌

☞ 知识目标

（1）掌握全自动荧光酶联免疫方法检测微生物的原理及概念。

（2）掌握全自动荧光酶联免疫方法检测微生物的方法。

（3）掌握全自动荧光酶联免疫方法检测沙门氏菌的关键步骤。

☞ 能力目标

（1）能够采用全自动荧光酶联免疫方法检测食品中微生物。

（2）能根据企业产品类型确定全自动荧光酶联免疫方法的检验方案。

（3）能按要求准确完成全自动荧光酶联免疫方法检测微生物的计数与记录。

（4）能分析处理与判定检验结果、按格式要求撰写微生物检验报告。

近年来，随着生物科学的快速发展，新技术新方法不断应用在食品微生物检验领域。微生物快速检测方法涉及微生物学、分子化学、生物化学、生物物理学、免疫的微生物计数、早期诊断、鉴定等方面，从而缩短了检测时间，提高了微生物检出率。微生物快速检测方法涉及微生物学、分子化学、生物化学、生物物理学、免疫学和血清学等方面及它们的结合应用。如利用生化和微生物学原理制作的快速测试片法、利用核酸特异序列原理发明的核酸探针法和基因芯片法、利用抗原抗体结合的特异性发明的免疫磁球法、PCR 等。食品中微生物的快速检测技术正在迅猛发展，虽然很多技术仍然存在一定的问题，但作用明显。

沙门氏菌属肠道细菌科，包括那些食物中毒、导致肠胃炎、伤寒和副伤寒的细菌能引起食物传播性疾病，近年来已经成为最常见的食物中毒原因。检测沙门氏菌的传统方法是将食物样品分步增菌以增加病原菌的检出率，这种培养方法总体可分为三个不同阶段：预增菌、选择性增菌及分离步骤。沙门氏菌具有复杂的抗原结构（如图 7-4），分为菌体抗原（O）、鞭毛抗原（H）、荚膜抗原（K、Vi）、纤毛抗原。一般沙门氏菌具有：菌体（O）抗原（67 种），鞭毛（H）抗原（116 种）表面抗原（荚膜或包膜抗原）抗原（3 种），血清型超过 2600 种。传统沙门氏菌检测法全过程需时至少 4d 才能得出明确的诊断结果。全自动荧光酶联免疫方法检测食品中沙门氏菌增菌培养时间约需 20h，上机检测的时间仅需 10～20min。

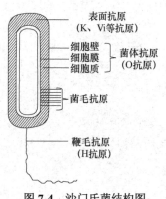

图 7-4 沙门氏菌结构图

一、适用范围

该法适用于食品中沙门氏菌的快速检测。

二、检测原理

沙门氏菌血清型分子鉴定试剂盒（PCR-探针法）操作视频

样品做增菌处理，增菌液经加热处理后移入包被特异性抗体（一抗）的固相容器内，使目标菌与一抗结合，洗去未结合的其他部分；加入特异性酶标抗体（二抗），再次洗去未结合的其他成分；加入特定底物与之反应，生成荧光化合物或有色化合物，通过检测荧光强度或吸光度，与参照值比较，得出检测结果。

三、设备和材料

设备和材料一览表如表 7-7 所示。

表 7-7 设备和材料一览表

序号	名称	作用
1	酶联免疫分析仪	检测反应强度
2	冰箱（±1℃）	放置样品

序号	名称	作用
3	恒温培养箱（±1℃）	PCR 扩增产物的电泳检测
4	均质器	将样品与稀释液混合均匀
5	漩涡混合器	振摇试管或用手拍打混合均匀
6	电子天平（感量 0.1g）	称量
7	恒温水浴锅（±1℃）	调节培养基温度为恒温46℃±1℃
8	灭菌锅	灭菌

四、培养基和试剂

（1）缓冲蛋白胨水（BP）按 GB 4789.28—2013 中 4.12 的规定配制。

（2）氯化镁孔雀绿增菌液（MM）按 GB 4789.28—2013 中 4.13 的规定配制。

（3）四硫磺酸钠煌绿增菌液（TTB）按 GB 4789.28—2013 中 4.14 的规定配制。

（4）亚硒酸盐胱氨酸增菌液（SC）按 GB 4789.28—2013 中 4.16 的规定配制。

（5）改良肠道菌新生霉素增菌液（mEC＋n）胰蛋白胨 20.0g、3 号胆盐 1.12g 乳糖 5.0g、无水磷酸氢二钾 4.0g、无水磷酸二氢钾 1.5g、氯化钠 5.0g、蒸馏水 1 000mL。将上述成分溶于水后校正 pH 值为 6.9±1，分装后置 121℃高压灭菌 15min，取出后冷却至室温，加入过滤的新生霉素溶液，使其终浓度为 20mg/L。

（6）盐酸吖啶黄溶液：盐酸吖啶黄 25mg、灭菌蒸馏水 10mL，振摇混匀，充分溶解后过滤除菌，避光保存。

（7）萘啶酸钠盐溶液：萘啶酸 20mg、0.05mol/L 氢氧化钠溶液 10mL，振荡摇混匀，充分溶解后过滤除菌。

（8）0.05mol/mL 氢氧化钠溶液：氢氧化钠 0.1g、灭菌蒸馏水 50mL，振摇混匀充分溶解后过滤除菌。

（9）柠檬酸铁铵溶液：柠檬酸铁铵 0.5g、灭菌蒸馏水 10mL，振摇混匀，充分溶解后过滤除菌。

（10）Fraser 增菌液：蛋白酶消化物 5.0g、动物组织酶消化物 5.0g、牛肉浸膏 5.0g、酵母浸膏 5.0g、氯化钠 20.0g、磷酸氢二钠 12.0g、磷酸氢二钾 1.35g、七叶苷磷酸氢二钠 1.0g、氯化钾磷酸氢二钠 3.0g、蒸馏水 1 000mL。将上述成分置于 50℃水浴中充分溶解，冷却后调 pH 值至 7.0～7.4，分装，121℃高压灭菌 15min。

（11）FraserⅠ增菌液：在 1 000mL Fraser 增菌液中加入盐酸吖啶黄溶液 5mL 萘啶酸钠盐溶液 5mL、柠檬酸铁铵溶液 10mL。

（12）FraserⅡ增菌液：在 100mL Fraser 增菌液中加入盐酸吖啶黄溶液 10mL 萘啶酸钠盐溶液 10mL，无菌分装于 10mL 大试管中。

（13）沙门氏菌酶联免疫试剂盒。

五、操作步骤

全自动荧光酶联免疫法检测沙门氏菌的程序如图 7-5 所示。

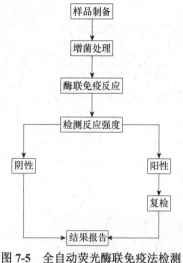

图 7-5　全自动荧光酶联免疫法检测沙门氏菌的程序

（1）前增菌和增菌按《食品安全国家标准　食品微生物学检验　沙门氏菌检验》（GB 4789.4—2016）中的规定处理。

（2）增菌后处理移取 1mL 增菌液到灭菌小试管中，于沸水中加热 15min。剩余的增菌液于 4℃保存，以便用于阳性确认。

（3）取沙门菌的酶联免疫试剂盒，于 15～30℃的环境中放置 30min。

（4）取适量加热处理后的增菌液到试剂盒测试孔中，通过自动或手动操作，经过酶联免疫反应过程后，检测反应强度（荧光强度或吸光度），与参照值比较，得出检验结果。（注：详细操作需根据所用仪器及试剂盒的说明进行。）

六、结果与报告

检测结果为阴性时，报告为未检出。检测结果为阳性时，应按 GB 4789.4—2016 进行检测或其他标准进行确证。

七、注意事项

（1）选用新批号试剂盒时，应验证试剂盒的质量指标；使用时应严格按照试剂盒的要求设立实验对照。

（2）选用试剂盒检验不同目标期间，应不定期选用相应的可溯源标准菌株进行过程控制。

思考与测试

（1）什么是全自动荧光酶联免疫法？

（2）全自动荧光酶联免疫法检测微生物的原理是什么？

（3）全自动荧光酶联免疫法检测微生物的优点是什么？

课程思政案例

罗杰尼希教与生物攻击

任务五 ATP 洁净度检测

> ☞ **知识目标**
> 1. 了解 ATP（三磷酸腺苷）检测技术的基本原理；
> 2. 掌握 ATP 检测技术的操作流程；
> 3. 掌握 ATP 检测技术结果判读；
> 4. 了解 ATP 检测技术的用途。
>
> ☞ **能力目标**
> 1. 能够熟练操作 ATP 检测表面洁净度；
> 2. 能够掌握 ATP 检测结果的判读。

一、检测背景

ATP 洁净度检测操作视频

ATP 检测可以更加真实地反映设备表面的清洁状况。目测非常清洁的不锈钢表面，在电子显微镜下观察，会发现不锈钢表面并不是光滑洁净的，而是有沟沟壑壑的状态，而在沟壑内部，能看到微生物和残留的食品基质颗粒。同时，采用 ATP 方法对该表面进行涂抹检测，可以迅速得到量化结果，根据预先制定的合格/不合格限值，判断该表面为清洗不合格，需要重新清洗，可以及时避免污染下一批次产品。

二、技术原理

ATP（Adenosine Triphosphate）中文名称为腺嘌呤核苷三磷酸，又称三磷酸腺苷。ATP 是一切生命体能量的直接来源，普遍存在于动植物、细菌、真菌细胞和食物残渣中。

当细胞被裂解后，ATP 释放到体外，在有氧条件下与荧光素、荧光素酶在 Mg^{2+} 的催化下进行反应，生成氧化荧光素并发出荧光。

ATP 与荧光素的反应发出的荧光强度（RLU），与活细胞数量基本呈正比例关系。荧光值越高，表明 ATP 的量越多，也就意味着表面的残留物越多，清洁状态较差。因此，ATP 检测法就被用来快速检验物品表面是否洁净。ATP（RLU）值跟微生物数量（CFU）成正相关（如图 7-6）。

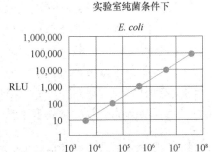

图 7-6 ATP（RLU）值跟微生物数量（CFU）成正相关

三、适用范围

该法适用于待测物表面洁净度。

四、材料仪器

ATP 智能荧光检测仪、表面采样拭子

五、操作步骤

（1）从 2~8℃环境中取出包装袋，放置 10~20 min 使其回复至室温状态。

（2）撕开包装袋，取出采样拭子。

（3）取出含有润湿棉签的手柄，对待测物表面进行涂抹采样，涂抹时请旋转棉签，以便使棉签与检测样本充分接触。

（4）采样的涂抹区域为 $10 \times 10 \text{ cm}^2$，将棉签与待测表面呈 30~45°角，Z 字型涂抹。对于不规则的物体表面，当不能取得 $10 \times 10 \text{ cm}^2$ 表面积时，应该尽量涂抹足够的区域，并保证每次检测都采用连续一致的方法。

（5）若待测物表面有肉眼可见的污垢，或涂抹后拭子头部明显变色，即可停止后续操作。

（6）若待测物表面有多余液体存在，应等表面液体稍许干燥后再进行检测，以免稀释试剂（无需特别干燥）。

（7）如需测试液体，可用取样器吸取一滴样品（约 20μL）于拭子棉签上，即可检测（不要直接涂抹或蘸取液体）。

（8）取样完成后，将含有棉签的手柄放回采样拭子中。

（9）按下手柄刺破铝箔直至手柄彻底插入（从采样完成到刺破铝箔的时间不可以超过 15min），左右摇晃采样拭子 5~10s（不可上下摇晃），等待 30~60s（如果室温过低，请适当延长反应时间）后，将拭子放置在智能荧光检测仪中，进行检测读数与结果判读。

六、结果判读

根据检测结果的显示判断是否洁净达标（阈值由客户根据实际情况来设定）。

七、注意事项

（1）实验前请仔细阅读说明书，规范操作。

（2）试剂需与智能荧光检测仪（同品牌的）配套使用，不可相互参考阈值。

（3）实验时应穿戴一次性手套操作，以免外源 ATP 污染。

（4）拭子开封后不可置于光照下，也不可长时间保存于室温，未用完的拭子需要放于铝箔袋中封口后避光 2~8℃保存。

（5）取出拭子后，首先观察拭子的完整状态，若有破损或漏液现象，请不要使用该拭子。

（6）取出含有润湿棉签的手柄，观察其润湿状态，若棉签已明显干燥，请不要使用该拭子。

（7）取样过程中不要碰触拭子或棉签，确保拭子第一时间直接与被测的物体表面接触，整个操作过程中尽量避免接触拭子底部的反应杯，以免影响检测结果。

（8）智能荧光检测仪在检测过程中需要呈 60 度以上竖直放置，否则可能影响检测结果。尽量避免在强光下进行检测（强光可能导致检测值升高）。

（9）试剂污染、采样过程污染都可能会造成不准确结果。

（10）恰当处理实验过程中的废弃物。

思考与测试

（1）不同厂家的试剂可以通用吗？

（2）用户确定的阈值可以相互参考吗？为什么？

（3）ATP 检测技术可以检测微生物的含量吗？为什么？

课程思政案例

食品生产企业人员健康状况要求

任务六　食品中诺如病毒检测

☞ **知识目标**

1. 了解食品中诺如病毒污染的情况；
2. 掌握不同食品样本中诺如病毒前处理操作；
3. 掌握诺如病毒荧光定量 PCR 检测原理和操作；
4. 了解 GB4789.42 诺如病毒检验标准。

☞ **能力目标**

1. 能够熟练操作不同样本中诺如病毒检验操作；
2. 能够掌握诺如病毒检测结果的判读。

一、检测背景

诺如病毒，又称诺瓦克病毒，是人类杯状病毒科中诺如病毒属的一种病毒。诺如病毒感染性腹泻在全世界范围内均有流行，全年均可发生感染，感染对象主要是成人和学龄儿童，寒冷季节高发。诺如病毒感染性腹泻属于自限性疾病，没有疫苗和特效药，个人卫生、食品卫生和饮水卫生是预防本病的关键。诺如病毒分 5 个基因组（GⅠ～GⅤ），其中只有 GⅠ、GⅡ和 GⅣ可以感染人，而 GⅢ、GⅤ分别感染牛和鼠。我国目前最常见的诺如病毒为 GⅡ、GⅠ型。

浆果中诺如病毒检测操作视频

二、基本原理

采用实时荧光 PCR 技术,针对诺如病毒(GI/GII)特异性基因设计引物和探针。PCR 扩增过程中,与模板结合的探针被 Taq 酶分解产生荧光信号,荧光定量 PCR 仪根据检测到的荧光信号绘制出实时扩增曲线,从而实现诺如病毒(GI/GII)在核酸水平上的定性检测。

三、适用范围

该法适用于贝类,生食蔬菜,胡萝卜、瓜、坚果等硬质食品表面,草莓、西红柿、葡萄等软质水果以及水中诺如病毒的检测,不可用于临床诊断。

四、材料仪器

1. 试剂和耗材

诺如病毒(GI/GII)核酸检测试剂盒、病毒 RNA 提取试剂盒、无菌棉拭子、无菌剪刀、无菌镊子、无菌培养皿、无菌贝类剥刀、均质袋、无 RNase 离心管、无 RNase 玻璃容器、无 RNase 药匙、无 RNase 移液枪头、PCR 反应管、无 RNase 超纯水。

2. 仪器设备

电子天平、PCR 仪、拍打式均质器、振荡器、水浴锅、冷冻离心机、高压灭菌锅、低温冰箱、金属浴、移液器(10/100μL)、pH 计等。

五、技术参数

检测灵敏度 10-100copies/test

六、检测步骤

(一)样品处理

1. 贝类

(1)取干净的消化腺 2.0g,加入 10μL MS2 过程控制,加入 2.0mL 蛋白酶 K 溶液,混匀;

(2)37℃、320rpm 震荡 60min;

(3)60℃孵育 15min;

(4)冷却至室温,3000rpm 离心 5min,转移上清并记录液体总体积。

2. 硬质食品表面

(1)无菌拭子用 PBS 润湿后擦拭食品表面并记录擦拭面积;

(2)加入 10μL MS2 过程控制至拭子;

（3）拭子浸入490μL PBS中，反复浸入挤压3~4次，测定并记录液体体积。

3. 软质水果和生食蔬菜

（1）取25g样品加入40mL TGBE，加入30U A.niger果胶酶（或1140U A.aculeatus果胶酶），加入10μL MS2过程控制，混匀；

（2）室温，60rpm震荡20min，每10min测一次pH并调整使其不低于9.0（每调整一次延长震荡时间10min）；

（3）4℃，10000rpm离心30min，转移上清并调整pH至7.0；

（4）加入0.25倍体积的5×NaCl/PEG，混匀，4℃，60rpm震荡60min；

（5）4℃，10000rpm离心30min，弃去上清；

（6）4℃，10000rpm离心5min，弃去上清，500μL PBS重悬沉淀，若样品为软质水果，使用氯仿/丁醇混合液抽提一次，测定并记录液体体积。

4. 水

（1）取水0.3L~5L，加入10μL MS2过程控制，混匀；

（2）0.45μm正电滤膜过滤；

（3）转移滤膜至新的离心管中，加入4mL TGBE，在装水的容器中加入10mL TGBE，离心管与容器室温500rpm，孵育20min；

（4）TGBE转移至新的离心管中，并用2mL TGBE清洗装有滤膜的离心管并转移至新的离心管中；

（5）调节pH至7.0，转移TGBE至分子浓缩柱，4000rpm，15min；

（6）使用500μL PBS洗脱浓缩柱。

（二）操作步骤

（1）病毒RNA可手工提取或纯化，也可使用商品化的病毒RNA提取纯化试剂盒；

（2）取20μL MS2过程控制（该过程控制必须与前面样本中添加的MS2为同一管），于95℃加热5min后在冰上冷却至室温。按照1:9的比例使用标准物质稀释液进行梯度稀释（做3个稀释梯度），一共4个浓度，用于制作过程控制标准曲线；

（3）从试剂盒中取出Nov预混液与Nov酶混合液，充分融化，短暂离心。按照等比例（预混液19μL+酶混合液1μL）配置反应体系，取20μL置于PCR管或PCR板中，然后将阴性对照、样品RNA提取液、阳性对照各取5μL分别加入PCR管或PCR板中，盖好管盖或板膜，短暂离心后立即进行PCR扩增反应；

（4）PCR管置于PCR上，设定反应程序，进行PCR扩增反应。

（三）结果判定

1. 满足以下条件本次检测有效。

（1）空白对照和阴性对照无扩增曲线；

(2) 阳性对照在相应的检测通道有 S 型扩增曲线；

(3) 过程控制病毒标准曲线 R2≥0.98；

(4) 提取效率≥1%；

(5) 抑制指数<2.00（抑制指数计算参考 GB4789.42—2016）。

2. 抑制指数计算

抑制指数计算是指样本外加扩增控制 MS2 的 CT 值/样本外加扩增控制 MS2 10 倍稀释的 CT 值-水 MS2CT 值。

3. 提取效率计算

（1）当样本原液抑制指数<2 时，使用样本原液中 MS2 的浓度来计算提取效率；

（2）当样本原液抑制指数≥2 时，使用样本原液 10 倍稀释液中 MS2 的浓度来计算，对应的 MS2 初始浓度要降低 10 倍；

（3）设初始 MS2 浓度为 1，实际样本中 MS2 浓度为 C，提取效率＝C×V1×V3/（10×V2×1）×100%（其中 V1、V2、V3 分别为病毒富集液体积、提取体积及洗脱体积）。

如果对照满足质量控制要求，提取效率与抑制指数不满足质量控制要求，检测结果为阳性时也可酌情判定为阳性。

设样本经过前处理后获得的液体体积为 V1，从 V1 中取出进行 RNA 提取的液体体积为 V2，最终溶解或洗脱 RNA 时使用的液体体积为 V3。将 MS2 初始浓度设为 1，假设样本提取 RNA 后外加扩增控制的抑制指数小于 2，实际样本检测时 MS2 的 Ct 值在标准曲线上对应的浓度为 C，则提取效率＝（C×V1×V3）/（10×V2×1）。

在检测有效的情况下，如下表所示，其中 FAM 通道为诺如病毒 GII 检测结果，HEX 通道为诺如病毒 GI 检测结果（检测结果判断见表 7-7）。

表 7-7 检测结果判断

通道	Ct 值	结果判断
FAM/HEX	Ct≥40	诺如病毒核酸阴性
FAM/HEX	Ct≤35	诺如病毒核酸阳性
FAM/HEX	35<Ct<40	建议重新检测，结果 Ct≥40，诺如病毒核酸阴性，否则为诺如病毒核酸阳性

七、注意事项

（1）实验前请仔细阅读说明书，规范操作。

（2）本品各组成成分均不得与其他产品或不同批号产品中的相应组成成分进行混用。

（3）基因变异可能会导致假阴性结果。

（4）实验室环境污染、试剂污染、样品交叉污染都可能会造成假阳性结果。

（5）恰当处理实验过程中的废弃物和扩增产物。

思考与测试

（1）选用什么作为过程控制病毒？
（2）满足诺如病毒检验的 PCR 仪器需要具备哪几个荧光通道？
（3）结果判读前，提取效率和抑制率分别为多少，实验才有效？

 课程思政案例

乙肝病毒和艾滋病毒会通过食物传播吗？

食品微生物检验技术课程网址（内含教材配套课件、操作视频、单元测试题、微生物检验的相关国家标准、任务工单等）

https://www.xueyinonline.com/detail/223444607

参 考 文 献

贝克尔，李明春，等，2010. 微生物学 [M]. 北京：科学出版社.
邓子新，陈峰，2017. 微生物学 [M]. 北京：高等教育出版社.
董明盛，贾英民，2001. 食品微生物学 [M]. 北京：中国轻工业出版社.
段丽丽，2014. 食品安全快速检测 [M]. 北京：北京师范大学出版社.
樊明涛，赵春燕，雷晓凌，2011. 食品微生物学 [M]. 郑州：郑州大学出版社.
黄晓蓉，2015. 食品安全快速检测方法确认 [M]. 北京：中国标准出版社.
李平兰，2011. 食品微生物学教程 [M]. 北京：中国林业出版社.
刘慧，2011. 现代食品微生物学 [M]. 北京：中国轻工业出版社.
陆文蔚，白晨，2014. 食品快速检测实训教程 [M]. 北京：中国轻工业出版社.
牛天贵，2002. 食品微生物学实验技术 [M]. 北京：中国农业大学出版社.
沈萍，陈向东，2006. 微生物学 [M]. 北京：高等教育出版社.
师邱毅，纪其雄，许莉勇，2017. 食品安全快速检测技术及应用 [M]. 北京：化学工业出版社.
孙远明，2017. 食品安全快速检测与预警 [M]. 北京：化学工业出版社.
杨玉红，陈淑范，2014. 食品微生物学 [M]. 武汉：武汉理工大学出版社.
姚玉静，翟培，2019. 食品安全快速检测 [M]. 北京：中国轻工业出版社.
周德庆，2011. 微生物学教程 [M]. 北京：高等教育出版社.
诸葛健，2016. 微生物学 [M]. 北京：科学出版社.